高等职业教育艺术设计新形态系列"十四五"规划教材

产品表现技法
CHANPIN BIAOXIAN JIFA

傅淑萍　胡丽诗　罗京　主　编
杨雯麟　副主编

西南大学出版社
国家一级出版社　全国百佳图书出版单位

图书在版编目（CIP）数据

产品表现技法/傅淑萍，胡丽诗，罗京主编；杨雯麟副主编．—重庆：西南大学出版社，2023.6
ISBN 978-7-5697-1827-0

Ⅰ.①产… Ⅱ.①傅…②胡…③罗…④杨… Ⅲ.①工业产品—产品设计—绘画技法 Ⅳ.①TB472

中国国家版本馆CIP数据核字（2023）第064758号

高等职业教育艺术设计新形态系列"十四五"规划教材

产品表现技法
CHANPIN BIAOXIAN JIFA

傅淑萍　胡丽诗　罗　京　主　编
杨雯麟　　副主编

选题策划：戴永曦
责任编辑：戴永曦
责任校对：王玉菊
装帧设计：沈　悦　何　璐
排　　版：张　艳
出版发行：西南大学出版社（原西南师范大学出版社）
地　　址：重庆市北碚区天生路2号
邮　　编：400715
本社网址：http://www.xdcbs.com
网上书店：https://xnsfdxcbs.tmall.com
印　　刷：重庆长虹印务有限公司
幅面尺寸：210mm×285mm
印　　张：7.25
字　　数：295千字
版　　次：2023年6月 第1版
印　　次：2023年6月 第1次印刷
书　　号：ISBN 978-7-5697-1827-0
定　　价：65.00元

本书如有印装质量问题，请与我社市场营销部联系更换。
市场营销部电话：（023）68868624　68367498

西南大学出版社美术分社欢迎赐稿。
美术分社电话：（023）68254657　68254107

前言

FOREWORD

产品表现技法是服务于工业设计、产品设计等专业及行业中的一项专业技能，是工业设计工程技术人员和产品专业化设计服务人员的必备技能。它是对产品进行构思设计、研究推敲和效果展示的一种技术手段，以二维或三维的形式，快速高效地呈现产品的形、色、质，以及使用方式与人机关系等信息的一种创造性活动，是贯穿职业生涯的一项基本技能，具有终身学习的特性。

"产品表现技法"课程是产品设计专业开设的一门必修课程。该课程旨在引导学生观察、感悟和思考生活，激发创造思维，指导学生将脑海中的创造思维从无形到有形、抽象到具象地设计表达出来，使学生具备创意设计表达的能力。

本教材根据"十四五"职业教育规划教材建设工作的精神，贯彻党的教育方针，落实立德树人，遵循职业教育教学规律、技能人才成长规律以及技术技能人才需求变化而编写，是一本以学生为中心、以成果为导向的"理实一体"的教材。本教材主要具有以下特色：

1. 素质教育，立德树人

本教材内容以产品表现技法的基础理论和专业知识为主，每一个任务板块的案例都融入了素质元素，具体包括职业道德相关知识、知识产权相关法律法规、特色技艺相关内容等。这些素质元素旨在帮助学生增强创新意识、道德观念、法律常识和民族自豪感等，从而使学生树立正确的世界观、人生观和价值观。

2. 工学结合

本教材参考了工业、产品设计行业国家标准，以及企业专家和一线工作人员的意见，并将其与工业、产品行业的实际情况相结合，将理论和工作内容与设计流程有机结合，帮助学生掌握理论知识的同时，了解相关岗位职责和流程，掌握实际岗位所需的操作技能。

3. 模块式理念教学

本教材为校企合作的新理念教材，在内容的安排上，以项目为基础，采用任务驱动的模式，将教学内容模块化，共分为六个模块，每一个模块针对性地学习一项技能，包含学习任务卡、知识链接、任务实施单、拓展练习四个基本环节，加强学生和教材的深层次互动，强调在"做中学，学中做"的教学理念。

4．岗课赛证融通

本教材对接了职业教育国家教学标准体系、职业标准、岗位职能、"1+X"证书，以及职业技能大赛等要求，将"1+X"证书制度、职业技能大赛的真实赛事案例编入任务实施单，实现职业标准与课程标准的融合。

本教材由傅淑萍、胡丽诗、罗京任主编，杨雯麟任副主编。由傅淑萍搭建教材目录，编写教材的主要理论内容和案例绘制，参与教材案例绘制的还有龙琳、曾敏艳。胡丽诗与杨雯麟为企业人员，主要为教材提供编写意见、实践案例以及绘制图稿等。

编者
2023年2月

目录
CONTENTS

模块一
产品表现技法基础认知

任务一 认识产品设计 2
　　一、产品设计 2
　　二、产品设计的职业认知 6
　　三、产品艺术设计专业 8
　　拓展练习 9
任务二 产品表现技法基础 10
　　一、产品表现技法的定义 11
　　二、产品表现技法的分类 12
　　三、工具介绍 15
　　拓展练习 18

模块二
产品基础形态表现

任务三 立方体形体表达 20
　　一、线条 21
　　二、透视 23
　　三、立方体 26
　　拓展练习 28
任务四 曲面形体表达 29
　　一、曲线 30
　　二、曲面 33
　　三、圆柱体 34
　　四、球体 37
　　拓展练习 38

模块三
产品设计分析表现

任务五 产品设计思维表现 40
　　一、产品设计思维表现 41
　　二、产品设计思维表现案例 47
　　拓展练习 48
任务六 产品造型设计表现 49
　　一、几何造型法 50
　　二、仿生造型法 53
　　三、动作造型法 54
　　拓展练习 55
任务七 产品人机关系图表现 56
　　一、人体表现 57
　　二、产品使用场景图 61
　　拓展练习 62

模块四
产品 CMF 技法表现

任务八 产品色彩表现（马克笔）64
　　一、产品 CMF 设计 65
　　二、马克笔 66
　　拓展练习 75
任务九 产品材质表现 76
　　一、木材质 77
　　二、透明材质 79
　　三、金属材质 80
　　拓展练习 82

模块五
产品结构技法表现

任务十　产品结构技法表现 84
　　一、爆炸图 85
　　二、剖面图 87
　　三、三视图 87
　　拓展练习 90

模块六
产品版式设计表现

任务十一　产品表现版面要素 92
　　一、标题 93
　　二、箭头 96
　　三、背景 99
　　拓展练习 100

任务十二　产品表现版式设计 101
　　一、日常训练版式设计 102
　　二、产品快题版式设计 103
　　三、项目汇报版式设计 104
　　拓展练习 110

参考文献 110

模块一

产品表现技法基础认知

任务一　认识产品设计

任务二　产品表现技法基础

CHANPIN BIAOXIAN JIFA　产品表现技法

任务一　认识产品设计

任务卡

任务名称	认识产品设计	建议学时	4 学时
任务说明	产品表现技法是产品设计入门第一课，对初学者来说相对陌生。本任务通过讲解产品设计的定义、设计流程和未来发展的趋势，使学生初步构建对产品设计的认知；通过讲解产品设计的市场背景、典型岗位活动与责任，以及法律法规，使学生对产品设计岗位有一定的职业认知；通过讲解产品艺术设计学科的基础知识和职业等级证书的考核内容，使学生了解产品艺术设计专业的知识体系，以便开展合理的学习规划，为后期学习打下基础。		
任务目标	知识目标	1. 了解产品设计的定义、设计流程和未来发展的趋势； 2. 了解产品设计典型工作任务与责任，具备一定的职业认知； 3. 了解产品艺术设计学科的基础知识、理论和职业类证书的考核内容。	
	能力目标	1. 具有一定的文化修养、语言和文字表达能力； 2. 具备敏锐的市场洞察能力，具备对信息进行恰当分析的能力； 3. 具备主动学习、合理规划学习目标和内容的能力； 4. 具备职业判断和专业发展规划的能力。	
	素质目标	1. 具有正确的世界观、人生观、价值观； 2. 具有事业心、进取心和团队合作的精神； 3. 具有良好的职业道德和职业素养； 4. 遵守法律、遵规守纪。	
任务重点	1. 了解产品设计、产品艺术设计专业的基础知识； 2. 了解产品设计、产品艺术设计专业发展的前景与职业面向。		
任务难点	了解职业岗位的生产劳动实践和社会实践的关系。		
任务准备	课前完成任务实施单——产品设计岗位调研表。		
任务评价	评价方式：教师评价		
	过程考核（60 分）		拓展练习综合测评（40 分）
	素质考核（10 分）	项目或课内实践考核（50 分）	

一、产品设计

（一）产品设计的定义

产品设计是将人的某种目的或需要转换为具体的物理形式或工具的过程，是把某种计划、规划设想、解决问题的方法，通过具体的载体表达出来的创造性的活动过程。它是一种以人为中心的创新方法，它融合了人的需求、技术的可能性和商业的要求，包含的范畴非常广，涉及美学、心理学、社会学、人机工程学、机械构造、摄影、色彩学、经济学等专业知识，综合性极强。产品设计对设计师的综合性要求很高，作为一名产品设计师，你可能会扮演问题解决者的角色，如搭配师、数据分析师、工程师或销售人员等。

模块一
产品表现技法基础认知　　3

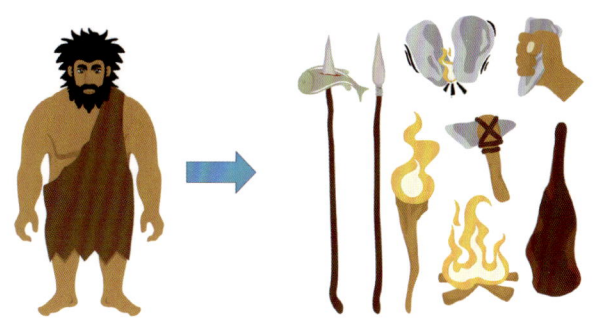

图 1-1 原始人因饮食所需创造了捕猎工具

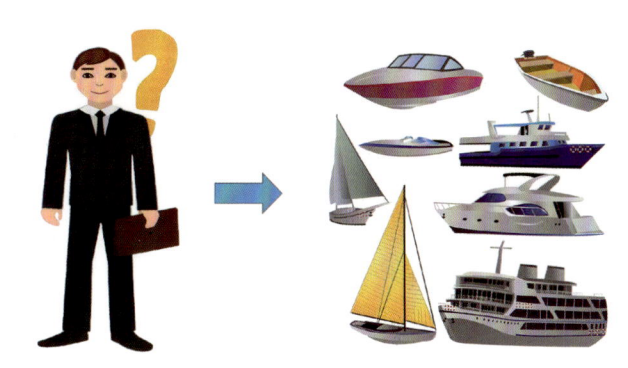

图 1-2 现代人因日常所需创造了交通工具

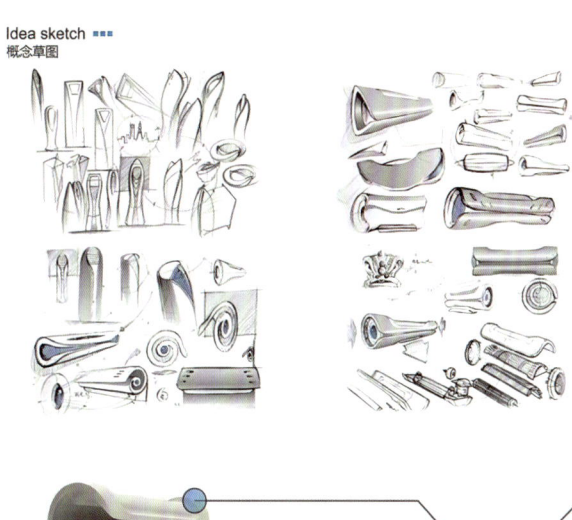

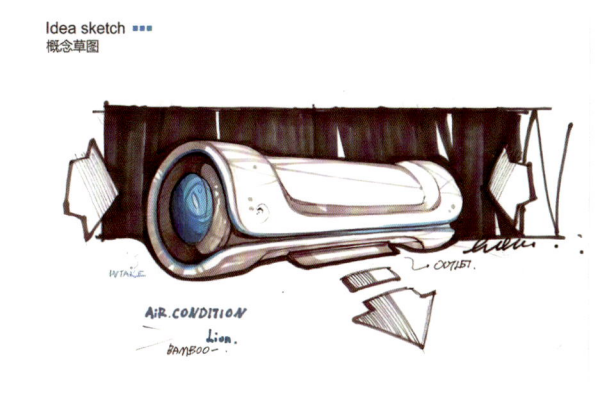

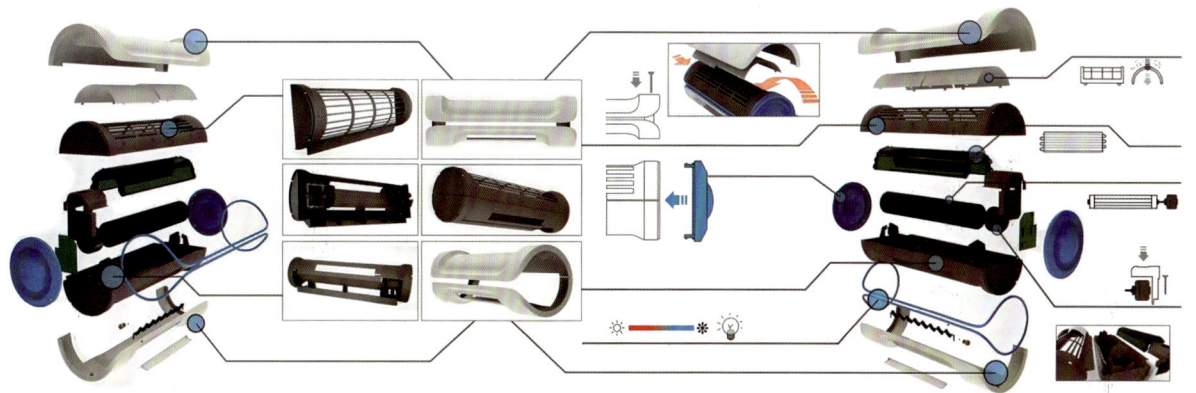

图 1-3 产品设计过程展示图例

（二）产品设计的流程

由两个及以上的业务步骤完成一个完整的业务行为的过程，称为流程。具有科学性、逻辑性、系统性的流程可以提高效率，增加单位时间产出量，有效地节约劳动力资源，避免工作后期遇到各类困难，甚至可以避免生产中可能遇到的安全问题。产品设计的流程大概分为四个阶段，即设计调研、设计定位、设计实践以及设计评估。每一个阶段都有相应的设计环节，一环连接一环，我们要扎实地确立每个阶段需要做的工作。

01 设计调研
分析设计任务
拆解设计目标
市场调研
用户痛点分析
设计流程与方法

02 设计定位
设计定义
用户定位
竞品分析
设计构思——头脑风暴
明确设计理念
设计载体定位
提炼设计特征

03 设计实践
产品 2D 表现——草图绘制
产品结构设计
产品 CMF 设计
产品数字模型表现
产品模型制作
产品生产

04 设计评估
产品上线
后续迭代

（设计调研与设计定位的部分流程可能会有交叉）

图 1-4 产品设计流程图

1. 设计调研

作为一名产品设计师，拿到设计任务时不应机械性地展开设计，首先要清楚任务的具体需求、设计背后的真正目的，例如要先了解设计需求属于功能更新、造型设计还是产品的常规迭代。明确设计目的并理性分析设计任务是进入设计调研阶段的第一步，接下来，应拆解设计目标，开展市场调研。市场调研的方式有很多，常见的有用户调研、用户心智模型图、思维导图以及数据分析等。在实际的方案设计中，可根据具体情况挑选其中几种混合使用。

2. 设计定位

在设计调研大体框架基本确定后，就进入到设计定位阶段。设计定位阶段是产品设计师的创意产出阶段，一般采用头脑风暴法发散思维，探索创意，寻找合适的设计载体，开展设计方案细化工作。

设计载体通俗来说就是所要开发的产品，我们可以将产品归为以下几种类别，如文具用品、生活用品、电子产品、纪念品和文娱产品等。每一个产品类别都各有其特征，分析出特征对后期产品造型设计、产品结构设计和产品 CMF 设计都有影响。

3. 设计实践

设计实践阶段尤为重要，从产品二维表现到数字模型再到实物模型打样，都是产品设计核心技能的展现，且每一个环节中产品各个细节和功能都需要进行反复推敲与锤炼，需要接受严格、科学的检验，以验证产品的合理性、安全性和绿色性等。因此，设计实践阶段是决定产品成败的关键阶段。

4. 设计评估

当产品设计实体落地实现交付时，就意味着产品进入上线环节，产品上线阶段并不意味着设计师工作的结束，他们还要随时与工程师交流，追踪产品质量，与产品销售团队交流，追踪产品销售数据，跟进后续使用者的走访调查与意见反馈，方便下一代产品的迭代和更新。

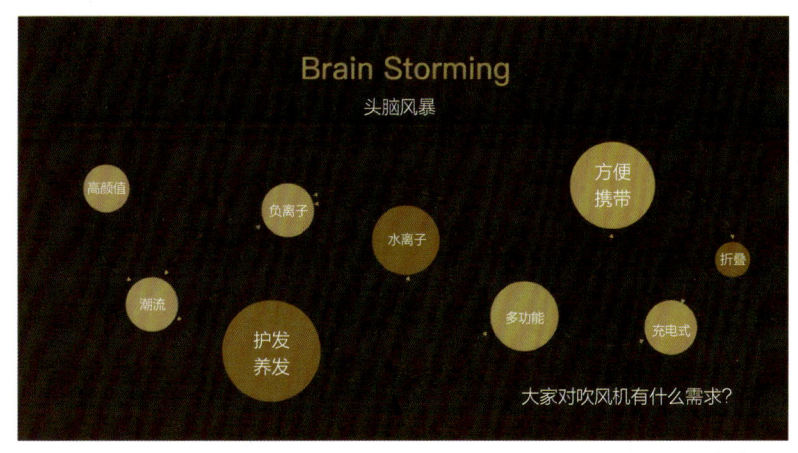

图1-5 头脑风暴

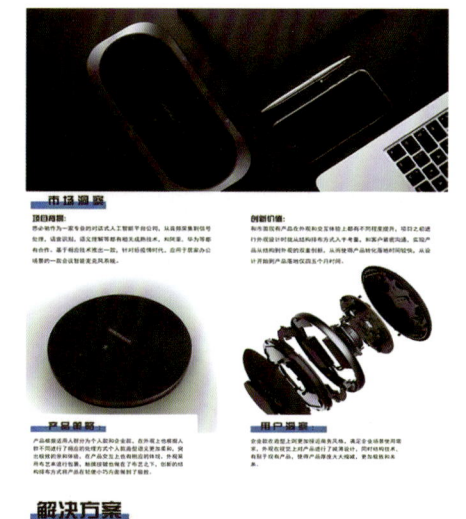

图1-6 产品设计的设计载体

图1-7 思必驰会议麦克风个人款和企业款的外观设计方案展示 作者：洛可可设计

（三）产品设计未来的发展趋势

工业设计、产品设计是"以人为本"的设计，是随人类社会发展而发展的，也是国民经济的重要组成部分，其发展程度是衡量一国综合国力最重要的标志之一。考虑产品设计未来的发展趋势，一方面需要分析当下社会人们的需求以及发展的趋势，一方面要立足于国家发展的规划，为国设计，创造具有社会价值和经济价值的产品。综合分析，产品设计未来发展的趋势体现在以下几方面：

1. 情怀消费

由于消费市场不断地细分与扩大，人们产生了更多的需求，在变幻莫测的大环境下，产品设计也应该跟随新需求而变化。情怀消费是一种新的消费趋势，产品于消费者而言，不再仅简单满足实用需求，还要满足人们在情感层面的需求。因此无论是实体产品还是互联网产品，既要解决用户生活中的现实问题，同时也需满足用户在情感方面的需求。

2. 人性化设计

人工智能已经成为这个时代的代名词，以前的产品对人来说可能只是一个工具，随着科技的发展变化，产品已经逐渐和人的体验产生出不可分割的联系，产品设计也就越来越离不开新科技和新技术的发展，这要求设计要更加人性化，按照人的喜好、想象和期望来设计并为人服务。

3. 承担更多的社会责任

地球上很多物质资源都是不可再生的，随着社会的高速发展，"消耗、浪费、废弃、污染……"这些词语似乎已成为时代标签。面对全球资源紧缺的情况，可持续发展的社会话题逐渐走进人们的视野中，在资源日益减少、各种生态问题日益严重的今天，非常需要用设计的思路加上新技术的应用来应对问题，我们在产品设计上哪怕融入一点点的改变，都能让社会在良性的发展道路上跨出一大步。产品设计师更需要考虑到，让消费者在感受产品带来便利的同时，也愿意自发去接纳这样沉重的话题，触动更多的人，并共同参与到保护自然资源、创造更好生活环境的社会责任中去，坚持绿色可持续发展，以更好的方式去改善环境。

4. 智能产品与日常生活不可分割

随着 5G 技术的发展，产品会逐渐走向互联互通，一个终端有可能解决所有事情，这是非常重要的发展趋势。无论是国内市场还是国际市场，产品设计已不同于以往仅仅对单个产品进行设计，目前已有诸多不同产品相互紧密联系的案例，如手机端整合其他家用电器的使用，成为智能家居环境的基本形态，而且这种互联互通已逐渐普及。基于智能时代的发展，产品设计要更快更早地主动融入智能应用，这样的设计才有竞争力。智能、人性、环保、科技是未来发展的主力。

二、产品设计的职业认知

（一）产品设计的市场背景

随着国内工业 4.0 的应用与普及，在很多岗位中机器逐渐取代了人，在人们的各类工作中只有创新、创意等工作是短时间内无法被机器取代的。而产品设计作为一种需要创新、创意的工作，近几年的发展可谓是日新月异，无论是上游供应链、中游设备商还是下游服务商均对产品设计人才表现出极大需求。以智联招聘网公布的 2022 届行业专业人员缺口分布数据显示，制造业这一行业的人员缺口排在首位，工业设计、产品设计等专业需求均蕴含其中。社会对高质量产品设计人才的需求与日俱增，我国高层次、综合型产品设计人才缺口较大，由此可见产品设计专业未来发展空间非常大。

以智联招聘网公布的招聘需求地区排名显示，由于城市两极分化，国内经济地区发展差异大，一线城市对产品设计岗位人员需求量大，岗位类型丰富，如外观设计师、结构设计师、电商设计师和 CMF 设计师等。

随着技术的发展，传统岗位渐渐退出历史舞台，伴随用户对智能化的适应，人们对产品品质，对美的需求也越来越高。工业和产品设计在智能时代成为企业竞争的有力武器，在竞争日益激烈的时代，对于求职就业者来说，练就过硬职业技能，加之必要的自我增值学习尤为重要。

（二）产品设计的职业认知

职业认知是指从业人员对工作岗位有一定的认知和理解，包括对岗位职责、工作技能要求、岗位价值、地位、待遇等情况的了解。对岗位的认知有利于从业人员系统地规划岗位需要的知识和技能，提升解决问题的能力，明确岗位需要承担的职务责任，培养职业道德的养成，培养工作的责任心和归属感。

产品设计岗位主要是面向制造业、服务业、文旅产业以及高精尖产业，从事产品创意设计、产品外观设计、产品结构设计、产品 CMF 设计、体验设计、机械技术方法研究、专业化设计咨询与服务、设计流程管理、运营规划、控制与评价等工作。工作内容主要有策划、研究、设计、验证、生产、管理以及服务等。典型的岗位有产品设计师助理、产品设计师、CMF 产品设计师、产品结构设计师、工艺美术师等。根据行业、企业的属性和工作内容还可以分为家具设计师、玩具设计师、交互设计师以及文创产品设计师等。

产品设计典型职业活动及工作任务表

典型职业活动	工作任务
产品设计师助理	1. 根据行业的发展战略和市场的需求变化，发掘、研发产品设计，协助设计项目的评审、立项； 2. 开展市场调研，收集和分析产品信息，为产品研发、设计、改良提供信息和数据支持； 3. 按计划开展产品研发、设计和改良工作； 4. 密切与生产厂家联系、沟通，落实好样品制作、检测、改进等工作。
产品设计师	1. 具有利用大数据手段分析前沿技术、开展市场与用户调研的能力； 2. 具有较强的产品创意沟通和设计的综合表现的能力； 3. 使产品的制造者和使用者都能取得较好的经济效益； 4. 从实际出发，充分注意资源条件及生产、生活水平，作较适宜的设计； 5. 熟悉知识产权相关法律法规，具有依法开展产品设计创新的能力，具有提高产品的系列化、通用化、标准化水平的能力。

典型职业活动	工作任务
CMF产品设计师	1. 需要有开阔的设计视野，对时尚潮流和工艺变化敏锐。负责整合色彩、材料、工艺的领先资源，能进行CMF设计新趋势导入与应用； 2. 负责市场调研，输出CMF设计方向分析报告，确认CMF设计方向的可行性； 3. 负责ID原型设计的颜色方案和新材料、新工艺的评估，确保设计实现率； 4. 负责配合结构样板的外观色彩制作，能输出CMF、丝网印刷文件和色板； 5. 负责设计交付的质量和协助处理量产时的异常情况，确保产品设计覆盖消费者体验的领域，保障设计成本符合产品诉求，提升消费者的满意度； 6. 负责产品和竞品的优劣分析。在产品上市后跟踪市场，考察产品的使用情况，收集信息，进行CMF总结。
产品结构设计师	1. 有实际产品结构设计相关项目工作经验，具备扎实的机械设计及自动化理论知识； 2. 灵活运用AutoCAD制图软件和Unigraphics NX、Solidworks等3D软件； 3. 熟悉机械、光学精密零件设计相关标准，并能制定产品标准； 4. 熟悉零部件组装、加工工艺，提供有效的工艺评估； 5. 负责产品的结构设计方案，完成设计报告输出，组织进行设计方案的评审，确保项目结构方案的可行性； 6. 负责新项目的市场调研、协同营销及项目管理，保持与客户的良好沟通，提高新项目的取得率； 7. 分析解决客户端、新项目试做及量产中出现的结构相关的技术和品质问题。
工艺美术师	1. 掌握所需技艺的基础理论知识和专业技术知识； 2. 具有运用专业技艺知识独立完成一般性专业工作的实际能力，能处理本专业范围内的一般性技艺难题； 3. 具有指导工艺美术员工作的能力。

（三）产品设计的法律、法规意识

1. 知识产权相关法律

熟悉知识产权相关法律法规，依法开展产品设计创新的能力，是作为一名产品设计师对客户和社会的责任，也是其最基本的素养和职业操守。知识产权是指人们就智力劳动成果所依法享有的专有权利，是国家赋予创造者对其智力成果在一定时期内享有的专有权或独占权。在设计工作中，我们常参考的知识产权相关法律法规有《中华人民共和国专利法》《中华人民共和国专利法实施细则》《集成电路布图设计保护条例》《著作权集体管理条例》《中华人民共和国商标法》《中华人民共和国商标法实施条例》《中华人民共和国著作权法》《中华人民共和国著作权法实施条例》《计算机软件保护条例》《中华人民共和国知识产权海关保护条例》《中华人民共和国海关关于知识产权保护的实施办法》等。

2. 知识产权维权

知识产权是指人类智力劳动产生的智力劳动成果所有权。它根据各国法律赋予符合条件的著作者、发明者或成果拥有者在一定期限内享有的独占权利，当知识产权受到侵犯时，可通过以下方式保护权利：

（1）向工商行政管理部门投诉，申请行政查处知识产权侵权行为。

（2）收集并保存对方侵犯知识产权的证据。如有必要，可咨询律师，请律师调查、收集证据，并委托公证侵犯知识产权的事实。

（3）通过法律诉讼与侵权人协商解决知识产权纠纷，维护知识产权的合法权益。

随着我国对知识产权保护的不断加强，国家已有一系列政策措施落地，我国正在营造更加稳定、公平、透明的竞争环境，给设计师们带来更多"机遇"。

3. 保护知识产权的措施

（1）增强知识产权保护意识。遵守知识产权保护的有关国际公约和我国法律法规，遵循国际贸易通行规则，信守企业间有关知识产权保护的合同、承诺。我们要做到既尊重他人的知识产权，也注重对自己知识产权的保护。

（2）在日常生产经营活动中严格依法办事。不侵害他人的知识产权；不盗用他人的专利技术；不制造、不使用、不销售、不传播假冒产品；不盗用和仿造他人的商标、产品标识和外观设计。

（3）坚决与侵害他人知识产权的不法行为作斗争，积极举报涉及知识产权的违法行为，主动配合政府做好对知识产权违法行为的遏制、查处和打击工作。

（4）积极参与宣传保护知识产权的社会活动，与社会各界共同致力于知识产权事业的健康发展。认真履行与知识产权相关的社会责任，增强全社会知识产权保护意识，为切实推进我国知识产权保护事业的发展做出贡献。

三、产品艺术设计专业

（一）产品艺术设计专业情况

新时代工业设计产业化不断升级，伴随着工业设计产业数字化、网络化、智能化发展的新趋势，社会对新产业、新业态、新模式下的产品设计师、工业设计师等岗位（群）提出了新的要求，产品艺术设计专业应市场和行业对产品设计高素质技术技能人才的需求而开设。

产品艺术设计专业学科面向工业设计服务行业的产品设计师、工业设计师、文创产品设计师、家具设计师、玩具设计师、交互设计师、产品动画制作师等岗位（群），应培养德智体美劳全面发展，掌握扎实的科学文化基础、工业（产品）设计程序与方法、人机工程及材料工艺等知识，具备设计调研、创意手绘表达、产品造型设计、产品方案展示、产品模型制作等能力，具有工匠精神和信息素养，成为能够从事产品设计师、工业设计师、文创产品设计师、家具设计师、玩具设计师、交互设计师、产品动画制作师等工作的高素质技术技能人才。

产品艺术设计专业的能力要求：

序号	要求
1	具有利用大数据手段分析前沿技术、开展市场和用户调研的能力；
2	具有熟悉知识产权相关法律法规并依法开展产品设计创新的能力；
3	具有较强的产品创意沟通和设计的综合表现能力；
4	具有较强的产品功能、结构与造型设计的能力；
5	具有良好的信息架构和交互设计的能力；
6	具有利用生态设计、绿色设计理念开展设计创新的能力；
7	具有一定的对产品进行成本控制、生产管理和工艺管理的能力；
8	具有一定的对材料与技术应用转化的整合创新设计能力；
9	具有探究学习、终身学习和可持续发展的能力。

主要专业课程：

专业基础课程	设计创意、工业设计史、造型基础、数字图形、产品材料与工艺、人机工程应用、产品三维软件应用。
专业核心课程	设计程序与方法、产品功能与结构设计、产品模型制作、产品界面设计、产品形态设计、产品项目设计、产品整合创新设计。

以上课程根据各学校专业具体的办学定位有所不同。

（二）"1+X"产品创意设计职业等级证书

"1+X 证书制度"是作为深化职业教育改革、提高人才培养质量、拓展就业本领的重要举措。"1"为学历证书，全面反映学校教育人才培养的质量；"X"为若干职业技能等级证书，是毕业生、社会成员职业技能水平的凭证，反映职业活动和个人职业生涯发展所需的综合能力。2022 年修订的《职业教育专业简介》中指出产品艺术设计专业可考取的职业类证书有产品创意设计职业技能等级证书、数字创意建模职业技能等级证书以及界面设计职业技能等级证书。以下以产品创意设计职业技能等级证书（初、中、高三级）为例，讲解该类证书的考核内容：

持有证书名称	级别	考核科目	考核内容
产品创意设计职业技能等级证书（考核方式：机考）	初级	理论	设计思维（目标锁定、需求定义、任务分解）
			设计调研（市场信息采集、竞品信息采集、用户信息采集）
			设计材料应用
		实操	设计表达（产品手绘快题：概念记录、概念完善、概念表现、测绘产品样品、绘制设计草图和主体尺寸图）
	中级	理论	设计思维（风格规划、要点规划、语意执行）
			设计调研（市场数据分析、竞品信息分析、用户信息分析）
			设计材料应用（色彩策划、设计策划、工艺策划）
		实操	设计表达（计算机辅助设计产品设计表现：外观造型设计、效果图制作、提案表达）
	高级	理论	设计思维（结构校验、成本分析、制造校验）
			设计调研（路径设置、工具开发、结果评估）
			设计材料应用（色彩方案实施、材料方案实施、工艺方案实施）
		实操	设计表达（计算机辅助设计产品设计3D表现：外观造型设计、效果图制作、提案效果制作）

任务实施单

产品设计岗位调研表

岗位序号	岗位名称	岗位任务	岗位要求		信息来源	
			素质	技术		
1	产品设计师助理	负责收集流行趋势，总结策划新品的开发、设计、出样、看样及产品的基本搭配。	1. 具有强烈的事业心和责任心； 2. 具备较强的语言表达和沟通协调能力； 3. 具有团队协作精神； ……	1. 具有产品创意沟通和设计综合表现的能力； 2. 具有一定对产品进行成本控制、生产管理和工艺管理的能力； 3. 具有利用大数据分析前沿技术、开展市场和用户调研的能力； ……	采访对象	张三
					单位名称	XX文化创意有限公司
					单位地址	XXX街道XX号
2					采访对象	
					单位名称	
					单位地址	
3					采访对象	
					单位名称	
					单位地址	
4					采访对象	
					单位名称	
					单位地址	
5					采访对象	
					单位名称	
					单位地址	

拓展练习

1. 产品设计的定义是什么？
2. 产品设计的流程是什么？
3. 产品设计涉及的法律、法规有哪些？
4. "1+X"产品创意设计职业等级证书的考核内容有哪些？

任务二　产品表现技法基础

任务卡

任务名称	产品表现技法基础	建议学时	2 学时
任务说明	产品表现技法将设计概念视觉化、直观化，是使新创意通过手绘的方式快速呈现的一项技能，是工业、产品设计师的专用语言，是产品艺术设计入门必备的技能之一。本任务从产品表现技法的定义、分类、使用工具三个方面，讲解产品表现技法是什么以及怎么去做，让学生认识产品表现技法、了解产品设计表达的方式、熟悉产品设计的流程、明白产品表现技法的重要性，使学生对产品表现技法建立基本的知识体系。			

任务目标	知识目标	1. 了解产品表现技法的定义； 2. 了解产品表现技法的分类； 3. 了解产品表现技法所使用的工具。
	能力目标	1. 熟悉产品表现技法的定义和表达方式，具备设计表达的能力； 2. 熟悉产品表现技法的表达程序，具备设计策划的能力； 3. 熟悉产品表现技法工具的运用，具备表达设计效果图的基础能力。
	素质目标	1. 具有较强的表达与沟通能力以及团队合作能力。 2. 掌握一定的学习方法，具有良好的生活习惯、行为习惯和自我管理能力； 3. 具有较强的专业技能和创新精神与较好的艺术修养和审美鉴赏能力，同时对新鲜事物拥有敏感度。

任务重点	了解产品表达技法的定义、分类、表现形式和使用工具。		
任务难点	了解产品表达技法的定义、分类、表现形式和使用工具，并灵活运用在设计生活中。			

任务准备	纸类（复印纸）	笔类 马克笔　水溶性彩铅笔　圆珠笔　高光笔	尺规类 圆规　云尺　蛇形尺　模板尺　43 cm 三角套尺

任务评价	评价方式：教师评价		
	过程考核（60 分）		综合测评（40 分）
	素质考核（10 分）	项目或课内实践考核（50 分）	

一、产品表现技法的定义

产品表现技法是服务于产品设计、工业设计、文创产品设计等专业及行业的一项专门的技能,是工业设计工程技术人员和产品专业化设计服务人员的专用语言。它是对产品进行构思设计、研究推敲和效果展示的一种技术手段,是以二维(图2-1至图2-4)或三维(图2-5至图2-9)的形式,快速高效地呈现产品的形、色、质、使用方式与人机关系等信息的一种创造性活动,是贯穿于职业生涯始终的一项基本技能。

图 2-1 产品二维表达——产品手绘效果图　作者:石上源

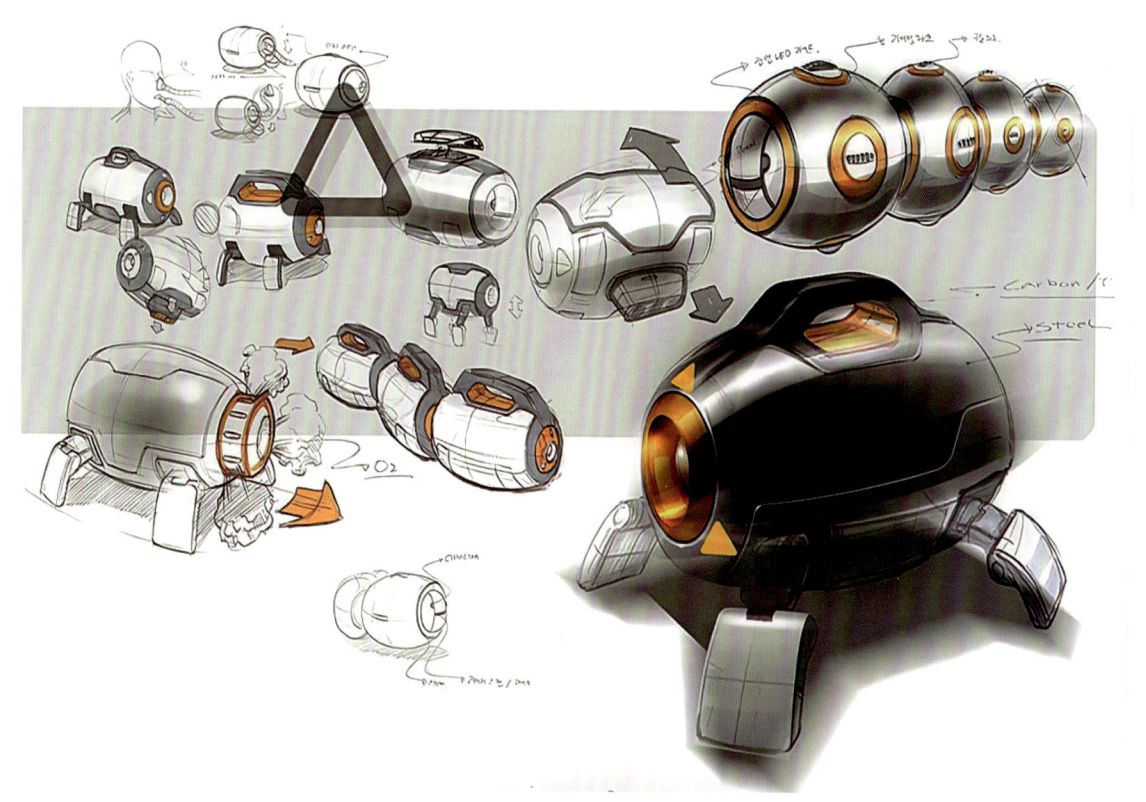

图 2-2 产品二维表达——产品手绘效果图　作者:石上源

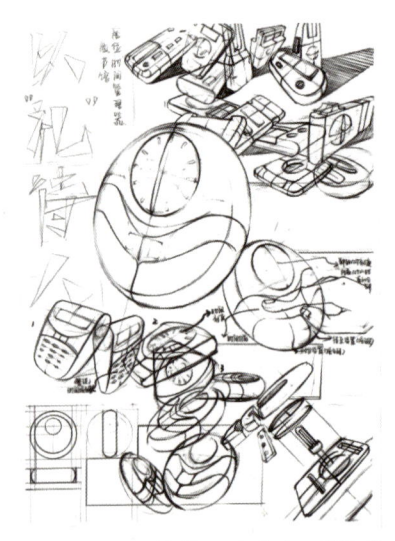

图 2-3 产品手绘效果图　作者：董瞻睿 码头设计

图 2-4 设计素描　作者：刘渝欣 码头设计

图 2-5 产品三维数字模型渲染图

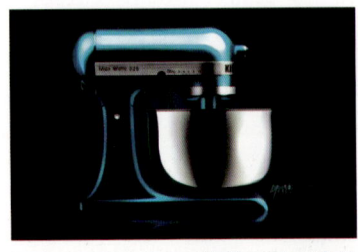

图 2-6 Photoshop 绘制产品电子效果图——Kitchen Aid 搅拌机　作者：邱维

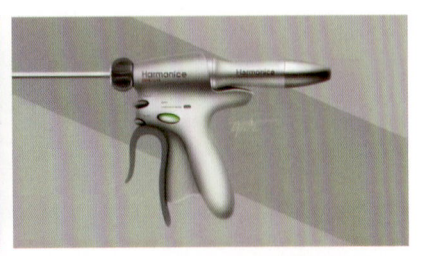

图 2-7 Photoshop 绘制产品电子效果图　作者：邱维

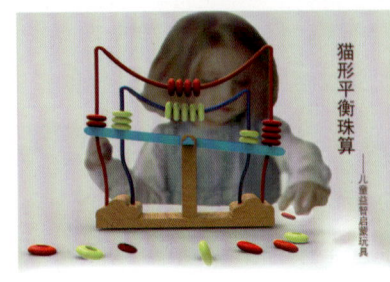

图 2-8 产品渲染效果图（三维）　作者：凡茂英

图 2-9 产品渲染效果图（三维）　作者：张雨婷

二、产品表现技法的分类

（一）从表现工具上分类

产品表现的方式可分为二维表达和三维表达。

二维表达是采用传统的纸、笔、规等绘画工具来绘制产品，这种方式绘制出的产品图可称为产品手绘效果图。产品设计手绘效果图区别于传统艺术绘画。传统艺术绘画侧重于情感的感性表达，而产品手绘是艺术与技术的结合，除表达基本的透视关系、光影关系外，还需注重产品结构、功能、原理和人机关系等因素的呈现，是美术绘画基础升级为设计工作服务的一项技能。

数字时代，产品手绘效果图除可用纸、笔、规表现外，也可以通过电脑、手绘板或 IPad 等数码电子产品搭配 Photoshop、CorelDRAW、Procreate 等软件来绘制，其优势在于存储便捷、色彩丰富，且方便修改。

二维表达因其具备自由、快捷和低成本的特点，被广泛用于产品设计研发过程中的各个阶段。

三维表达是在二维表现图的基础上，通过 Rhino、3D MAX、RROE 等三维软件建立产品的数字模型，展示产品的三维立体状态，再通过 Keyshot、V-ray 等渲染软件来展示产品的表面质感。三维表达主要适用于展示产品的最终效果，用于产品生产、宣传以及决策阶段。

图 2-10 头脑风暴

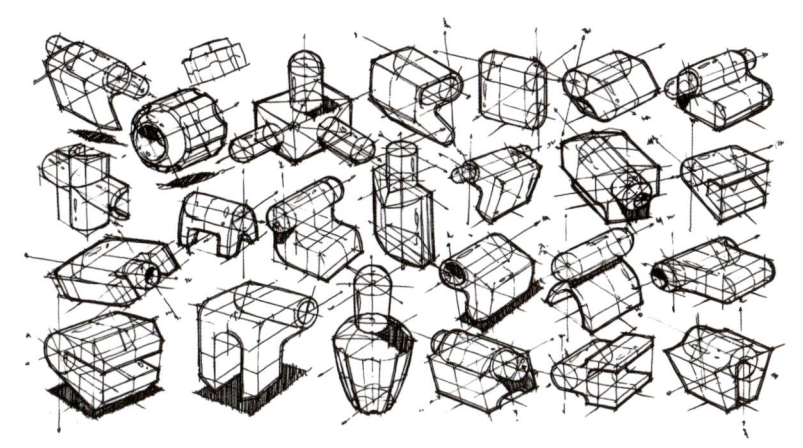

图 2-11 概念草图 作者：石上源

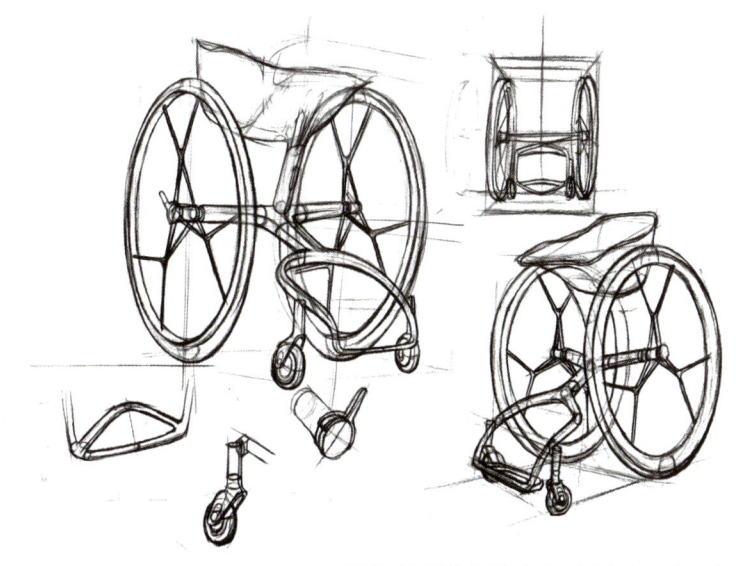

图 2-12 概念草图 作者：刘渝欣 码头设计

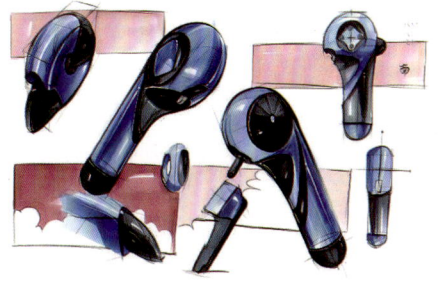

图 2-13 说明性草图 作者：码头设计

（二）从设计阶段性要求上分类

1. 创意构思阶段——概念草图

产品设计是一项创造性的活动。当客户提出需求，设计师应能够根据客户需求、市场分析创意构思出新的产品，再通过产品手绘效果图的方式将脑海中的创意呈现出来，再与团队成员或客户沟通初步方案，这个过程我们称之为产品设计的创意构思阶段。在创意构思阶段，设计师或设计团队需保持灵活开放的思维状态，组织头脑风暴活动，直至创意出符合客户要求的产品。

在创意构思阶段，设计师不需要面面俱到地呈现产品设计方案，能够快速、准确地捕捉脑海中的创意，并记录在纸上即可。在这个阶段形成的图稿一般称为概念草图，概念草图是创意构思呈现的第一步，侧重于表现产品外形，需对产品的外形进行反复推演，探索更多可能。

2. 设计交流阶段——说明性草图

设计交流阶段是在概念草图的基础上，进一步细化设计方案和解决设计方案中出现的问题，这些问题包括产品的设计理念、产品外形的具体化、产品功能的呈现、产品材质和颜色搭配等方面，这一系列草图称为设计说明性草图。说明性草图是设计师与团队成员进行沟通的工具，用于团队成员快速了解设计要点，集思广益，择优定案。

3. 汇报演示阶段——最终效果图

汇报演示阶段是将前期设计分析的结果以效果图的方式向客户作出汇报，与客户一同参与决策。效果图呈现方式不局限于传统手绘，也可以是计算机辅助制图和 3D 数字建模渲染图等。最终效果图需要较为真实地刻画产品的外观、功能、结构、色彩、材质、肌理、操作方式和人机关系等，做到面面俱到的同时突出设计的要点与亮点，并根据客户的需要进行相应的调整。

图 2-14 最终效果草图（手绘）作者：码头设计

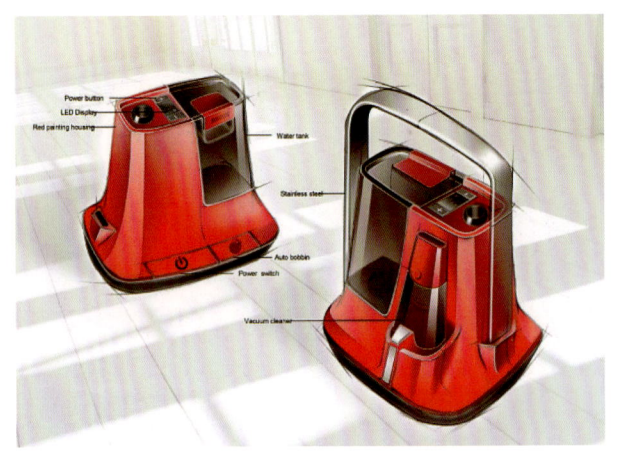

图 2-15 最终效果草图（电子）

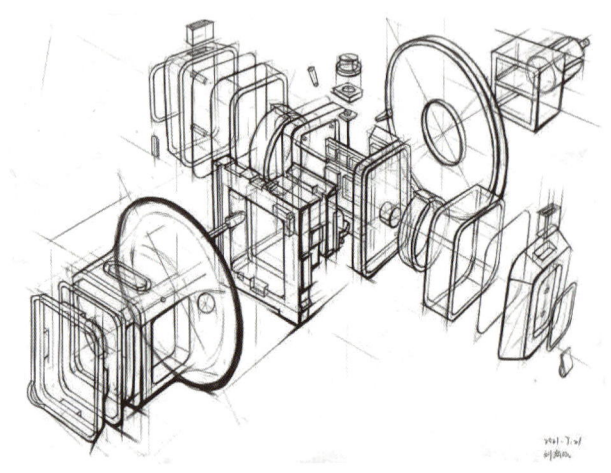

图 2-16 产品爆炸图 作者：码头设计

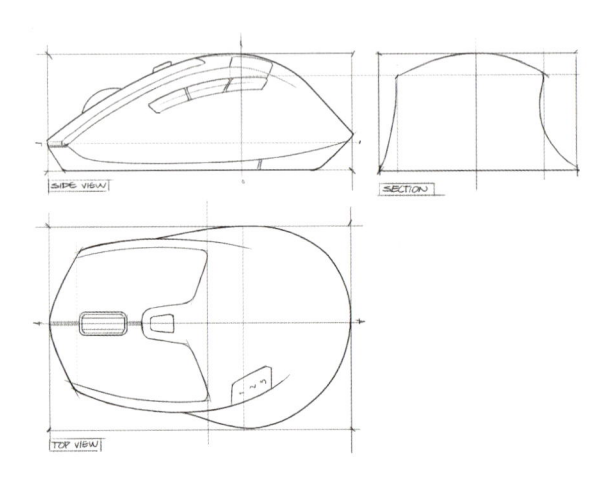

图 2-17 产品三视图（手绘）

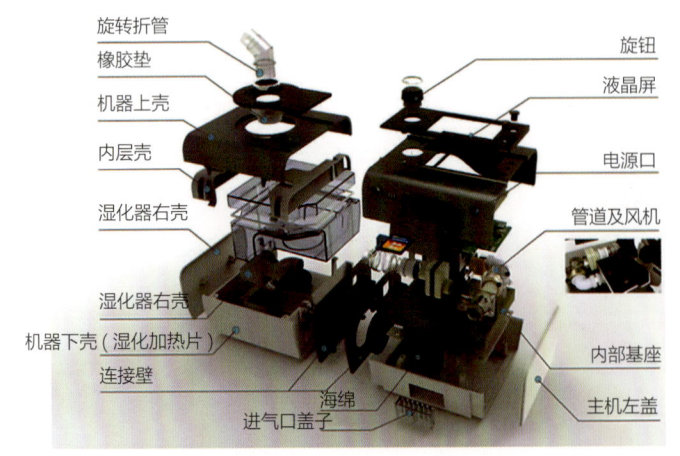

图 2-18 产品爆炸图（渲染图）

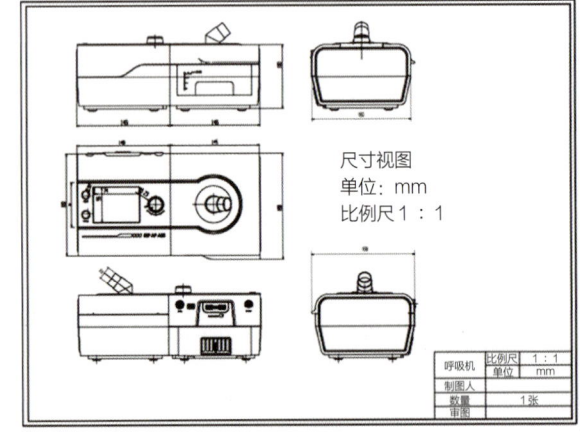

图 2-19 产品三视图（电子图）

4. 细节完善阶段——结构性草图

产品设计既要体现出设计师的设计能力，也要有结合实际的生产。在设计方案基本确定后，设计师要开始考虑设计方案落地生产的生产成本、材料选择、产品尺寸、技术实现、组装、安全性以及环保等综合问题，设计师需要对产品的结构、细节等进行深入分析与刻画，方便与结构工程师或后端开发进行沟通，共同探讨设计方案的可实施性。一般以三视图、爆炸图和剖面图等形式呈现，并对尺寸、装配方式、工艺和材料进行详细标注。

三、工具介绍

传统手绘表现中常用的工具分为画面工具、线稿工具、上色工具、尺规工具。

（一）画面工具

产品表现技法中使用的画面工具是影响画面效果的重要因素之一，传统手绘表现中常用的画面工具大类有纸类和数码电子产品。

1．纸类

名称	图示	优缺点
复印纸	适用于：产品手绘表现的整个阶段。	优点：表面光滑、不易渗水、叠色效果好、价格实惠、尺寸可选择、便于携带。 缺点：易破损、起皱，不易收纳，时间长易变色等。
工程绘图纸	适用于：绘制工程图纸、马克笔上色。	优点：表面光滑、不易渗水、叠色效果好、不易起刺、色彩还原度高、厚实硬挺、多尺寸可选。 缺点：价格较贵、不易收纳。
牛皮纸	适用于：绘制透明材质的物品，有特殊颜色要求的物品。	优点：自带底色特种纸、表面光滑、不易渗水、多尺寸可选。 缺点：价格较贵、显色效果受底色影响。
硫酸纸	适用于：临摹、拷贝。	优点：表面光滑、纸张通透、韧性好、不透墨、抗皱不破、多尺寸可选。 缺点：价格较贵、显色效果受底色影响。

2. 数码电子产品

一种新工具、新媒介，往往会产生新的设计语言。手工时代，诞生了工艺美术设计语言；工业时代，诞生了现代主义简洁、几何化的设计语言；数字时代，诞生了计算机设计语言。数字化对设计领域影响巨大。

数字化时代，计算机技术已在设计领域成了一种重要的工具和载体，大大地提高了设计师的效率，增加了客户的体验感，例如软件的应用，使产品理念呈现的方式多样化；网络的发达，使设计委托、监理、实施打破了时空的限制，设计师和客户可以远程访问，随时提出意见和要求，增加了客户的参与感和体验感，缩短了设计周期；数据的存储与传输，也避免了设计图纸不便携带、易遗失等情况。计算机技术已成为当代设计师必备的核心技能，电子设备已成为设计师日常设计工具。

虽然数字化发展迅速，但并不意味数字化完全取代传统手绘，传统手绘的敏感性是计算机无法达到的，将手绘与计算机运用两者妥善结合，才能使设计更上一个新阶段。

名称	图示	使用软件
计算机+数位板		平面：Photoshop、CorelDRAW、Illustrator、Auto CAD 等。 三维：Proe(Creo)、Rhino、Keyshot、Cinema4D 等。
平板		Procreate 等。

（二）线稿工具

在产品表现技法中，二维产品手绘效果图的线条要求流畅、快速、干净、简洁，这就要求我们所使用的线稿工具在绘画时要流畅、不断墨以及不损坏纸张，常用的线稿工具有彩色铅笔、圆珠笔、针管笔。

黑色铅笔	针管笔	圆珠笔
绘制线稿一般选择不溶于水的黑色铅笔，其笔触粗细变化丰富、轻重可控，可使用橡皮进行一定的修改。	针管笔绘制线条清晰、流畅，颜色较深，便于细致刻画，但落笔后不能修改。	圆珠笔常用于产品手绘表现，其线条流畅、顺滑，轻重可控，可细腻刻画，但易漏墨从而影响画面整洁，绘制时需多擦拭笔头。

（三）上色工具

产品表现技法二维手绘效果图表现中，绘制产品颜色的上色工具主要是马克笔。马克笔色彩丰富，颜色过渡自然，使用方便快捷，可结合彩铅和高光笔使用，能将产品的材质、色彩表现得细腻且真实。

马克笔	水溶性彩铅	高光笔
马克笔分为水性和油性，呈双头结构，一头细一头宽，一般选用细头勾线、宽头补色，绘制时应注重马克笔的运笔方式。马克笔色彩丰富，每一个颜色用数字色号标注，一般选择30至60个色为宜。	彩色铅笔可用于线稿，也可作为上色工具，一般选用水溶性的，可与马克笔配合使用，主要运用在色彩的过渡上。	高光笔具有强覆盖性，主要用于绘制高光或表现产品亮面，可表现具有高反光材质的物体，如不锈钢、透明玻璃等材质。

（四）尺规工具

尺规工具可以辅助我们绘制一些严谨的效果图，常用的工具有三角套尺、模板尺、曲线尺、蛇形尺、360°量角器以及圆规等。尺规的使用仅限于初学时绘画或绘制工程图纸，日常中，仍需加强徒手绘图的能力，减少使用尺规工具。

20+CM 三角套尺	模板尺
曲线尺	蛇形尺
360° 量角器	圆规

任务实施单

调研产品设计各阶段产品的表现形式

创意构思阶段	设计交流阶段	汇报演示阶段	细节完善阶段

拓展练习

1. 产品表现技法的定义是什么?
2. 产品表现技法的分类有哪些?
3. 说一说产品表现技法在不同的设计阶段的呈现形式。
4. 产品表现技法运用的工具有哪些?

模块二

产品基础形态表现

任务三　立方体形体表达

任务四　曲面形体表达

任务三 立方体形体表达

任务卡

任务名称	立方体形体表达	建议学时	6学时
任务说明	线条、透视和立方体可看作产品表现技法的根基,任何产品的形态都由线构成,具备透视原理,由立方体的增、减形态演变而来。本任务主要讲解线条的类型、线条的运用以及线条的练习方法,使学生掌握线条的绘制方法;讲解透视原理和透视的练习方法;讲解将线条和透视结合并灵活运用,使学生掌握立方体的绘制方法。		
任务目标	知识目标	1. 了解产品表现技法(二维表现)中线的类型、线的应用以及练习方式; 2. 了解透视的原理和练习的方法; 3. 了解立方体的绘制方式和练习方法。	
	能力目标	1. 掌握线的形态的应用,具备运用线条表现产品形态的能力; 2. 掌握透视的原理,具备绘制产品立体感和空间感的能力; 3. 掌握立方体的绘制方式,具备绘制产品复杂形态的能力。	
	素质目标	1. 具有精益求精的工匠精神; 2. 尊重劳动、热爱劳动,具有较强的实践能力。	
任务重点	掌握线、透视和立方体的绘制方式。		
任务难点	掌握线、透视和立方体的绘制方式,并灵活运用在设计生活中。		
任务准备	纸类(复印纸)	笔类 马克笔 水溶性彩铅笔 圆珠笔 高光笔	尺规类 圆规 云尺 蛇形尺 模板尺 43 cm三角套尺
任务评价	评价方式:教师评价		
	过程考核(60分)		综合测评(40分)
	素质考核(10分)	项目或课内实践考核(50分)	

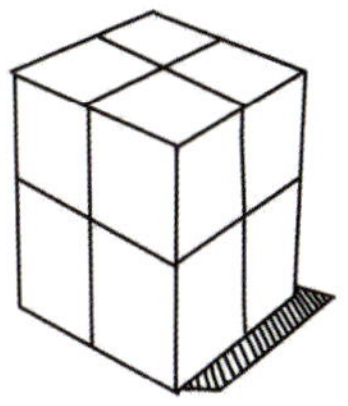

一、线条

（一）线的类型

线与线相交形成了面，面与面组合生成了体块。线是产品表现技法的根基，帮助设计师清晰地表达设计创意和理念，从而使设计师提高整个设计过程的效率。熟练运用各种线条是作为一名设计师最基本的素养。在学习产品表现技法前期，线条的练习是很重要的一个环节，其目的是让设计师具备控线的能力，从而提升产品效果图的整体表现。

在练习之前，我们先要清楚线不是一成不变的，受透视现象和光影关系的影响，线条会存在长短、虚实的变化。

在图纸上绘制一个立方体，构成立方体的线条如果始终如一、一成不变，立方体会显得刻板、过于平面化，缺乏空间感和立体感，如图 3-1 所示。

如果构成立方体的线条，受透视现象和光影关系的影响，有粗线变化，就会使立方体有节奏感、空间感，立体感强，如图 3-2 所示。

如何掌握线条的粗细变化，我们可以通过图 3-3 来认识线的类型。

图 3-1 线条如一

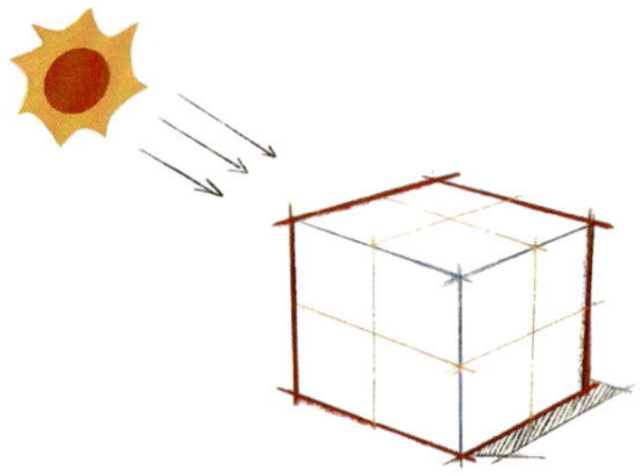

图 3-2 线条有长短、粗细变化

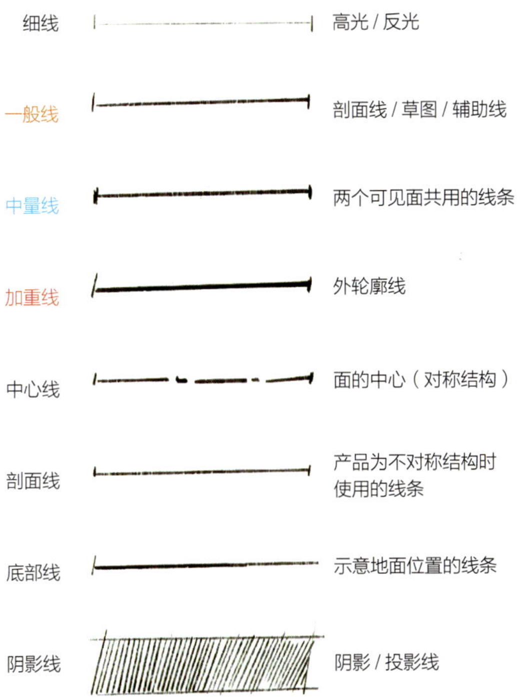

线型	用途
细线	高光 / 反光
一般线	剖面线 / 草图 / 辅助线
中量线	两个可见面共用的线条
加重线	外轮廓线
中心线	面的中心（对称结构）
剖面线	产品为不对称结构时使用的线条
底部线	示意地面位置的线条
阴影线	阴影 / 投影线

图 3-3 线型的种类

（二）线型的应用

在绘制产品外形时，使用"一般线"起稿画出一个精准透视的立方体，在立方体基础上分割形体，得到想要的形状，然后在此基础上使用加重线描绘出形体的轮廓线，使用中量线示意形体的中心和面块的走势，用细线示意形体的高光和反光，用阴影线绘制出形体的投影，表现出形体的明暗关系，呈现出完美草图。具体绘制步骤如图 3-4 所示。

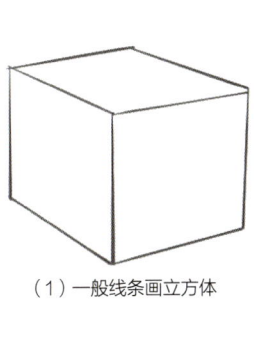

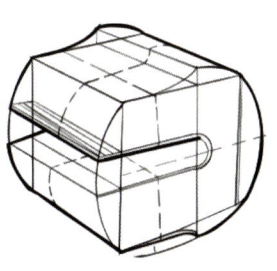

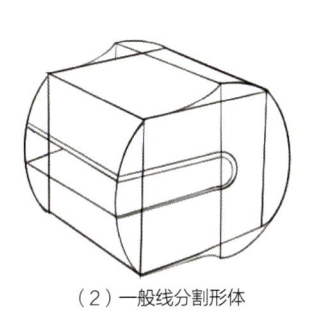

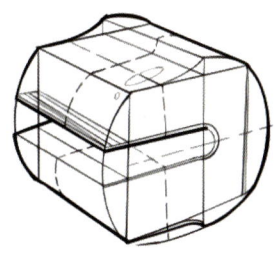

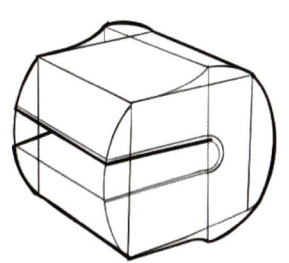

（1）一般线条画立方体　　（2）一般线分割形体　　（3）加重线加重轮廓线

（4）绘制中量线　　（5）细线绘制高光和反光　　（6）绘制底部线和阴影线

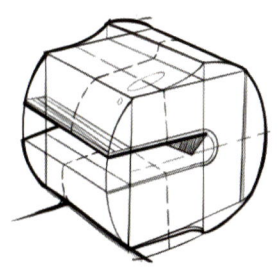

图 3-4 线型的应用

（三）线条的练习方法

线条的练习需要一个日积月累练习，在绘制线条时，保持良好的练习姿态，理解绘图中手臂的发力点，能起到事半功倍的效果。练习线条要保持手臂肘关节、腕关节不动，以大臂带动手臂，腰要挺直。（图3-5）

线条的练习方法多样，大体分为直线和弧线。直线有短直线和长直线，对于初学者来说，由于手腕部力量欠缺，想一笔绘制出心目中又长又直的长直线还不太好掌握，这时可以先从短直线入手。在线条练习阶段，一般采用的工具材料有A3复印纸、黑色水溶性铅笔或圆珠笔，切忌过度依赖尺规工具，应多徒手练习，加强手上功夫。以下是直线练习的几种方式：

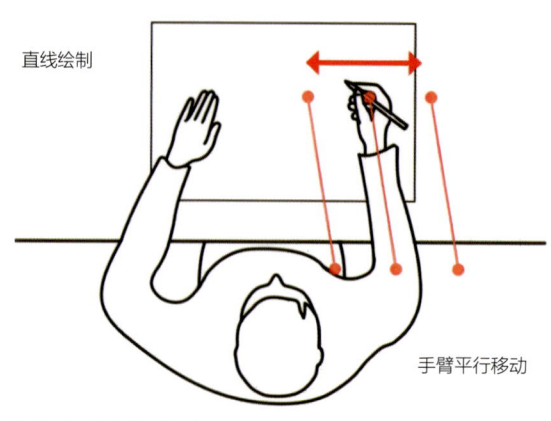

图3-5 线条练习姿态

基础直线的练习方式：
（1）定两点画直线法。绘制两个定点，快速画直线穿过两定点。
（2）直线的间距画法。两线之间的间距控制在1mm左右。
（3）重叠线画法。控住线条的虚实，要快速把笔甩起来甩出线条。

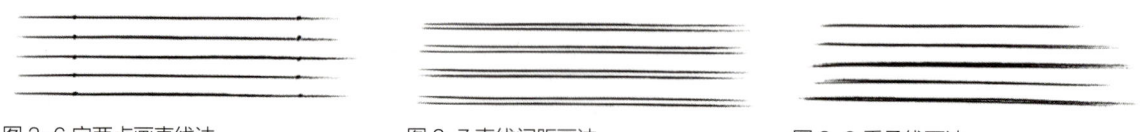

图3-6 定两点画直线法　　图3-7 直线间距画法　　图3-8 重叠线画法

直线的运用练习如图3-9至图3-11。

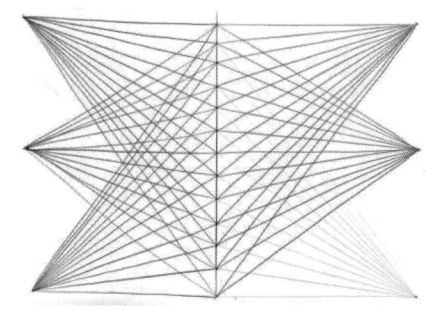

图3-9 直线运用练习（1）　　图3-10 直线运用练习（2）

图 3-11 直线运用练习（3）

二、透视

（一）透视原理

透视是一个绘画理论术语，是指在平面或曲面上描绘自然物体中空间关系的方法或技术。将透视方法运用在画作中，其目的是使平面画作有空间感和立体感。透视分为一点透视、两点透视和三点透视。透视中有几个常用的基本术语：视平线、视中线和消失点。

图 3-12 生活中的透视现象

视平线：与人眼等高且平行于消失点的一条线。
视中线：垂直于画面的视觉的中心线。
消失点：将物体的平面边无限延长时，直到最后消失的点。
一点透视：又称"平行透视"，即物体的平面边无限延长向视平线上某一点消失，且物体有一个面与视平线平行。
两点透视：又称"成角透视"，即物体的平面边无限延长向视平线上两个消失点。
三点透视：又称"倾斜透视"，是透视中最具视觉冲击力的一种，此透视画面中有三个消失点，其中有两个在视平线上，有一个在视平线以外。（图 3-13）

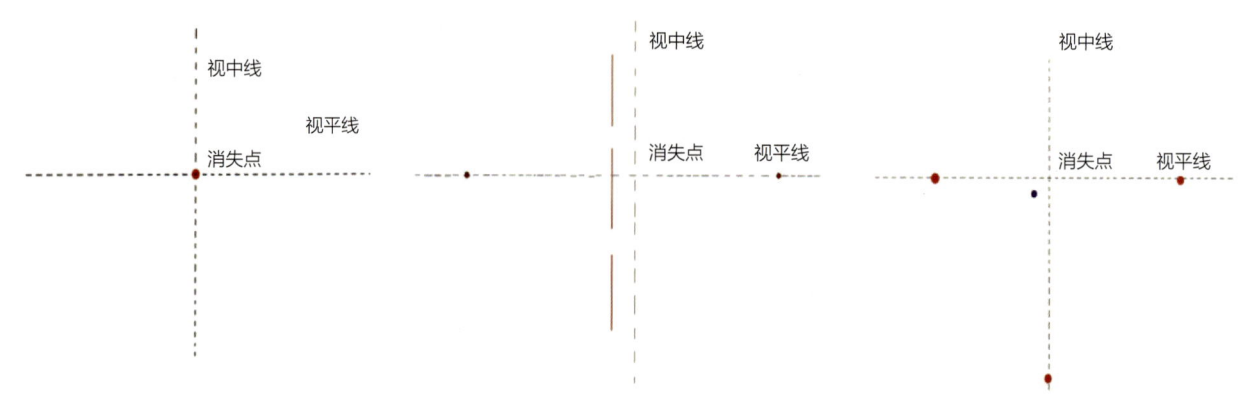

图 3-13 一点、两点、三点透视中的视平线、视中线与消失点

一点透视的练习步骤（图 3-14）：
（1）确定视平线在画面中的位置，确定一个消失点。
（2）在合适的位置上画出立方形。
（3）把立方体的四个顶点与消失点用轻直线连接起来，得到透视线。利用透视线作为辅助线，绘制出立方体的其他面，并用肯定的线条加粗加重外轮廓线。

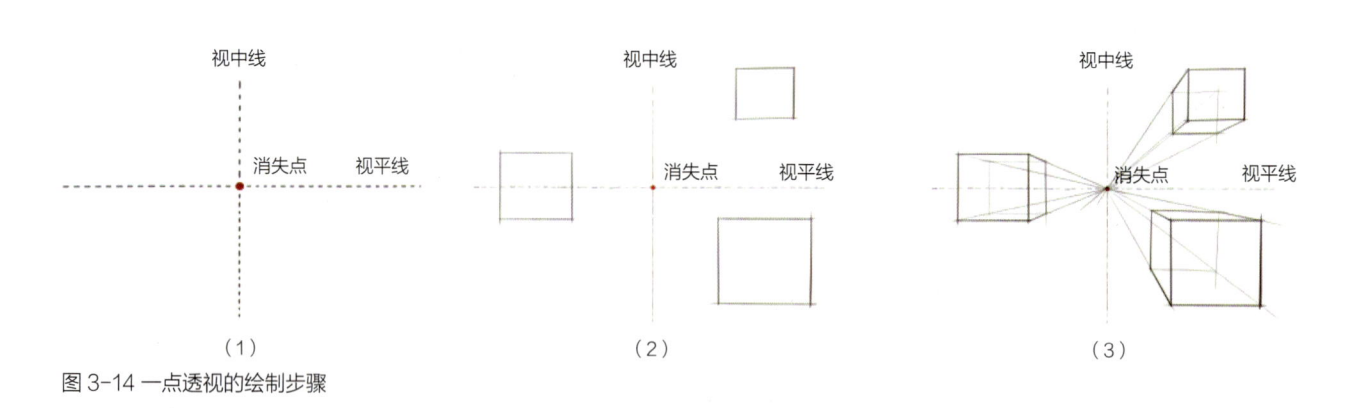

（1）　　　　　　　（2）　　　　　　　（3）

图 3-14 一点透视的绘制步骤

两点透视的练习步骤（图 3-15）：
（1）确定视平线与视中线在画面中的位置，确定两个消失点，绘制与视中线平行的短线。
（2）把线段的端点分别和两个消失点用轻直线连接起来。
（3）添加与视中线平行的短直线，利用透视线作为辅助线，绘制出立方体其他面，并用肯定的线条加粗加重。

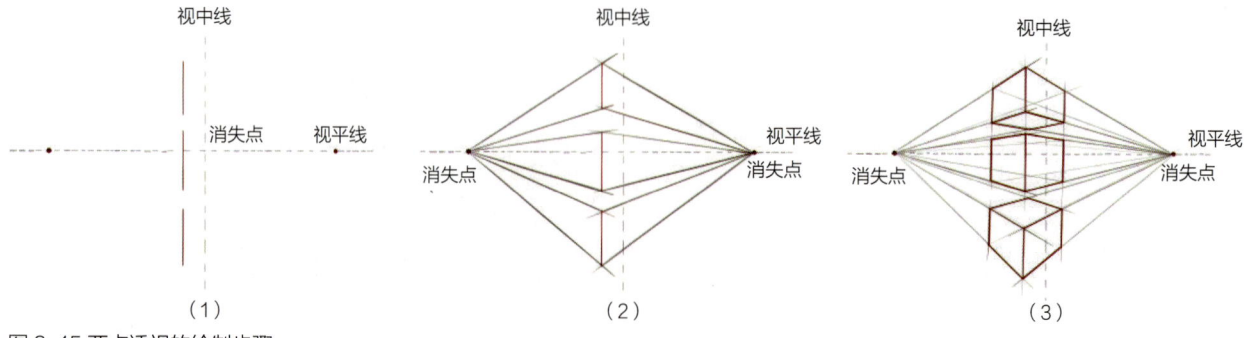

（1）　　　　　　　（2）　　　　　　　（3）

图 3-15 两点透视的绘制步骤

三点透视的练习步骤（图3-16）：

（1）确定视平线与视中线在画面中的位置，确定两个消失点在视平面上，绘制一个消失点在视平面以外，并确定立方体距离自己最近的一个点。

（2）用轻直线把物体的确定点和消失点连接起来，在透视线上找出立方体其他的结构点。

（3）利用透视线作为辅助线，绘制出立方体其他面，并用肯定的线条加粗加重。

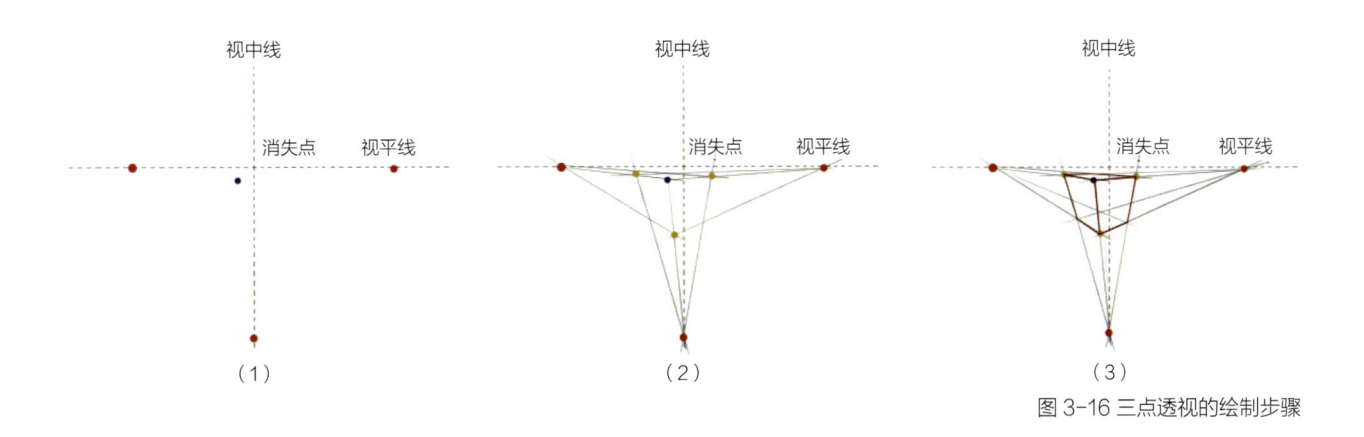

图3-16 三点透视的绘制步骤

（二）透视的练习方法

透视图是塑造产品形态立体感和空间感的基础，透视画法的基础表达是易于掌握的，但真正落到产品形态中时，线条是否流畅、透视是否准确、形态是否合理等，仍是值得注意的问题。

一点透视　　　　两点透视　　　　三点透视

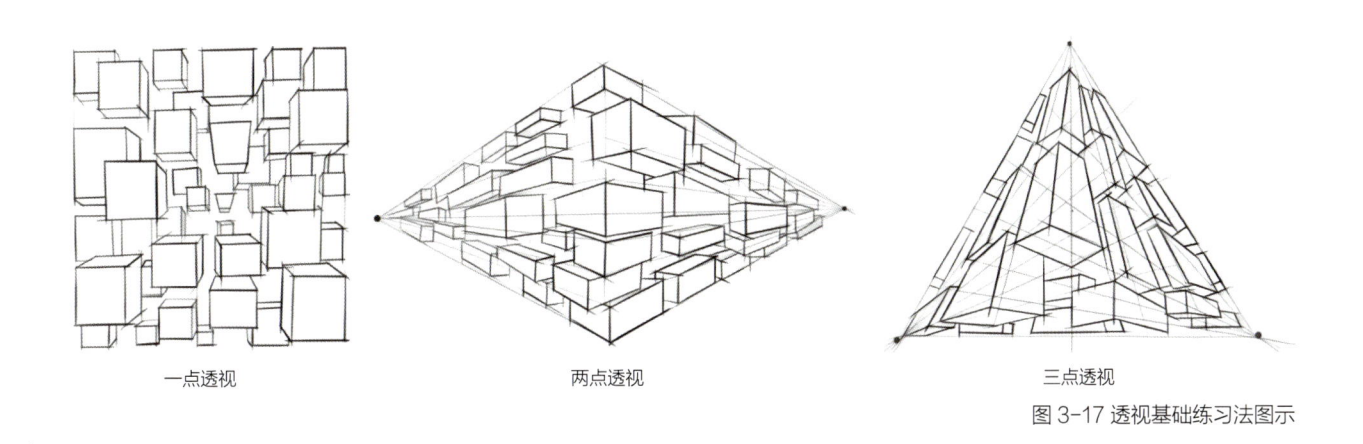

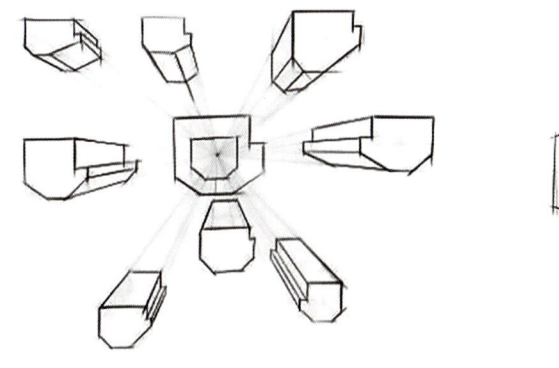

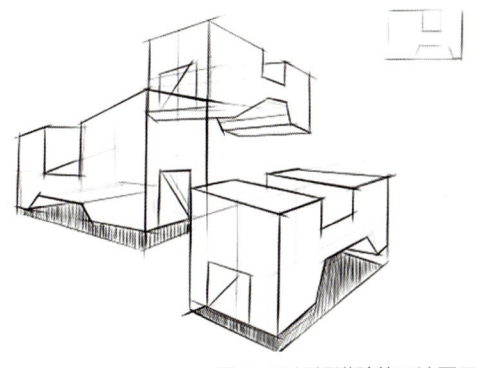

图3-17 透视基础练习法图示

图3-18 透视进阶练习法图示

三、立方体

（一）立方体的绘制方式

立方体是产品表现中最基本的形态，无论需要绘制一个怎样的产品形态，首先要画出一个透视正确的立方体，因为立方体的透视相对来说较为简单，当对产品形态进行造型时，立方体均可作为基础形态进行参考。简而言之，看似复杂、烦琐的产品外形，可以归结为由一个立方体或几个立方体演变而来。例如图3-20的手枪造型表现，设计者先绘制一个具有透视的立方体，以其为参考在此基础上再慢慢绘制其他复杂的形态。

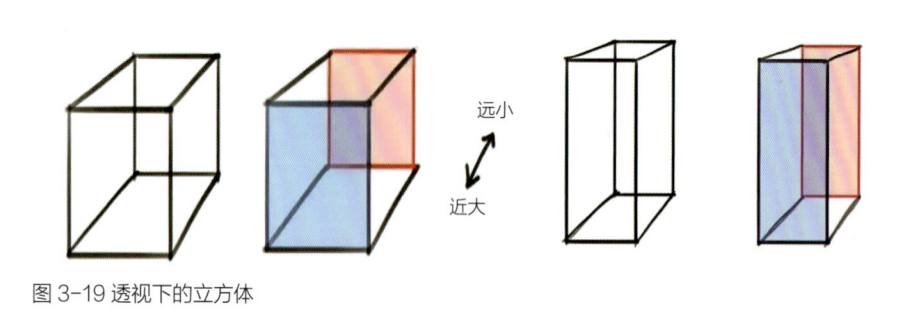

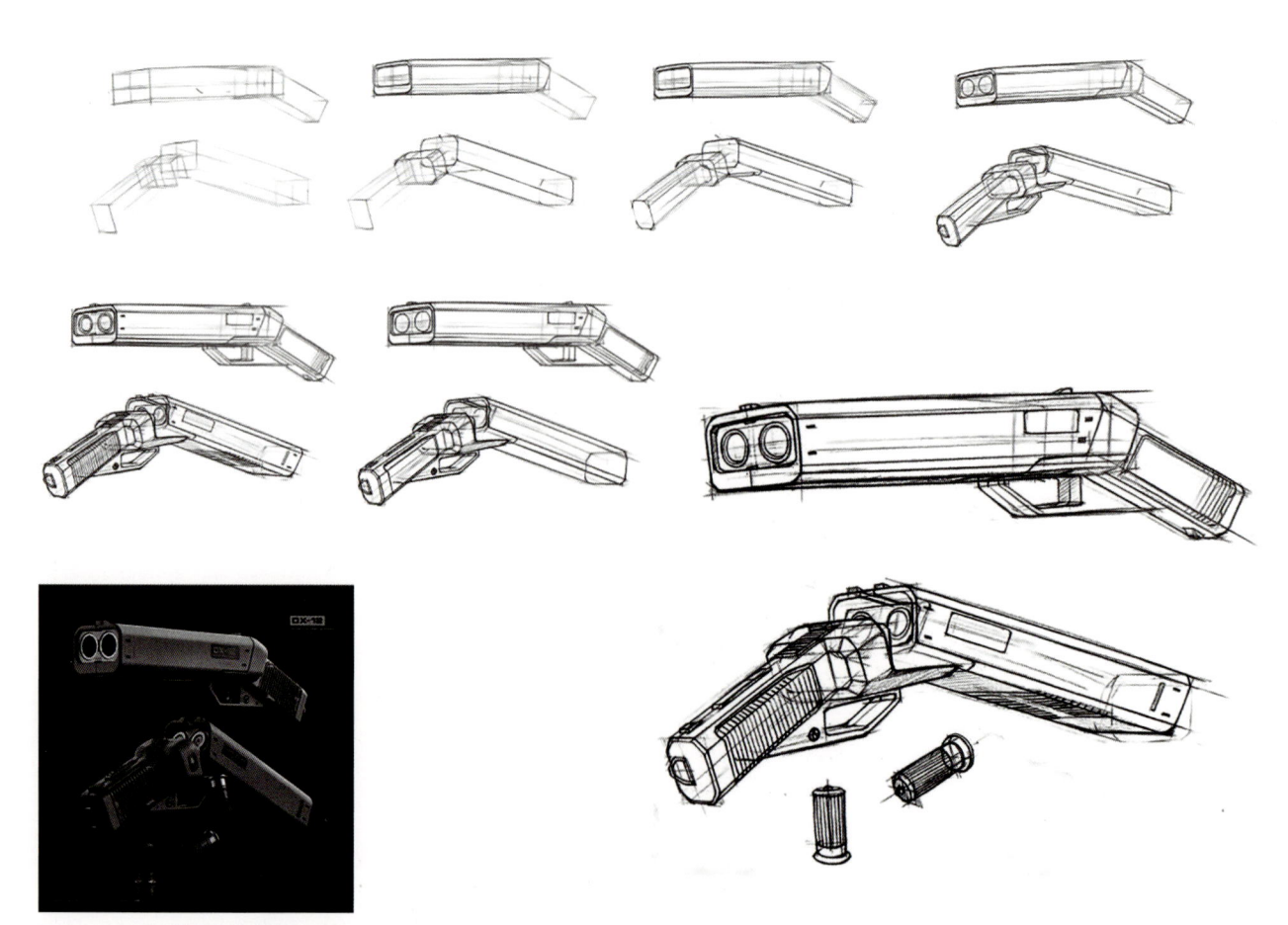

图 3-19 透视下的立方体

图 3-20 手枪造型的绘制步骤 作者：码头设计

（二）立方体的练习方法

练习方法	图 示
多角度练习	
分割练习	
复合形态练习	
立方体产品形态练习	

任务实施单

任务	设计一款便携式插座。 ("1+X"产品创意等级证书——初级，第三部分设计实践样题)
时间	1.5 小时
材料和设备	A3 纸张、手绘工具箱。
要求	1. 以线稿的形式展示设计方案； 2. 要求透视准确； 3. 要求明暗关系准确。
创意构思	案例参考

拓展练习

1. 产品表现技法中线的类型和应用有哪些？
2. 透视的原理是什么？

任务四　曲面形体表达

任务卡

任务名称	曲面形体表达	建议学时	6学时
任务说明	直线和曲线是线条的两大形态。曲线有自由曲线和几何曲线，自由曲线是开放的、自由的线，几何曲线是封闭的、有规则的线，两者结合透视原理，可形成曲面、圆或圆柱类体块。本任务主要讲解曲线、曲面、圆柱体以及球体的绘制方法和练习方法，使学生掌握绘制产品复杂形态的能力。			
任务目标	知识目标	1. 了解曲线的分类和绘制方法； 2. 了解正圆、椭圆的绘制方法和练习方法； 3. 了解曲面的绘制方法和练习方法； 4. 了解圆柱体、球体的绘制方法和练习方法。		
	能力目标	1. 掌握曲线的绘制方法，具备表现曲面形态的能力； 2. 掌握曲面的绘制方法，并具备结合透视塑造曲线型产品立体感和空间感的能力； 3. 掌握圆柱、球体的绘制方式，具备绘制产品复杂形态的能力。		
	素质目标	1. 具有精益求精的工匠精神； 2. 尊重劳动、热爱劳动，具有较强的实践能力。		
任务重点	掌握曲线、曲面、圆柱体和球体的绘制方式。			
任务难点	掌握曲线、曲面、圆柱体和球体的绘制方式，并灵活运用在设计生活中。			
任务准备	纸类（复印纸）	笔类	尺规类	
		马克笔 水溶性彩铅笔 圆珠笔 高光笔	圆规　云尺 蛇形尺　模板尺 43 cm 三角套尺	
任务评价	评价方式：教师评价			
	过程考核（60分）		综合测评（40分）	
	素质考核（10分）	项目或课内实践考核（50分）		

一、曲线

直线和曲线是线条中的两大类型。相比坚硬的直线，曲线在产品造型中的应用，往往给人带来优美、自由、富有弹性的视觉感受，能让产品形态整体的风格呈现出延伸、流畅的美。曲线又包含了自由曲线和几何曲线，自由曲线是手绘出或自然形成的，具有柔和的自由感和变化的节奏感；几何曲线是有一定规则的封闭曲线，比如圆、椭圆等，具有弹力强、紧张度强等特点，体现规则美。（图4-1）

图 4-1 曲线在产品设计中的应用

（一）自由曲线

自由曲线是点运动时方向变化所形成的线，它的形成偏向于自然，常用于创造流线型的产品、过渡的曲面、圆角的形态和圆形配件等。自由曲线的变化非常丰富，不同程度的弧度代表着产品不同的饱满度，因此，自由曲线的控线难度稍大，常用以下几种方式进行绘制：

1. 三定点法

绘制三个定点，快速画出有弧度的线条穿过三个定点，绘制出一条平滑的曲线。（图4-2）

2. 透视练习法

在使用透视练习法进行三点曲线的训练时，我们将三点曲线置于透视空间中，需注意近大远小的变化规律。（图4-3）

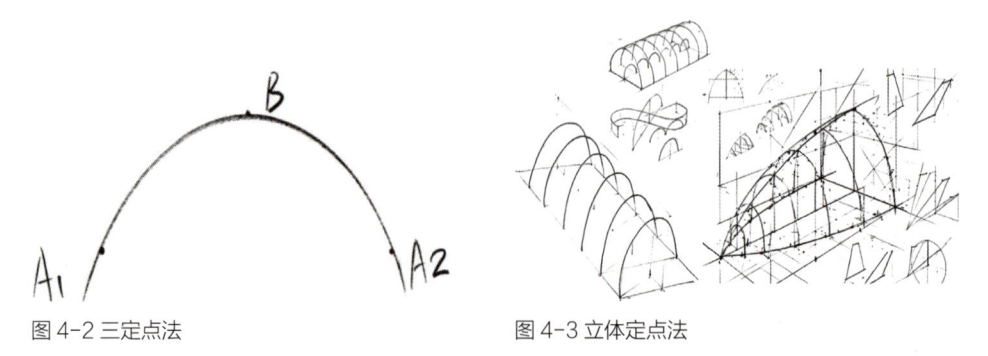

图 4-2 三定点法　　　　　　　　图 4-3 立体定点法

3. 等高线画法

练习等高线画法时我们要注意曲线的曲率要尽量保持一致。（图4-4、图4-5）

图 4-4 等高线画法（1）　　　　　图 4-5 等高线画法（2）

4．圆角画法

先绘制出一个立方体，再找出立方体的 8 个顶角，进行圆角练习。（图 4-6、图 4-7）

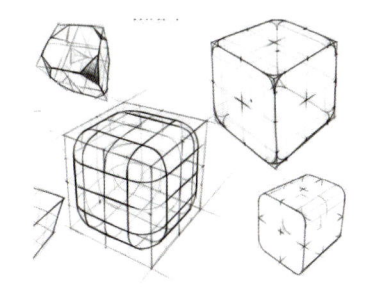

图 4-6 圆角画法（1） 　　　　图 4-7 圆角画法（2）

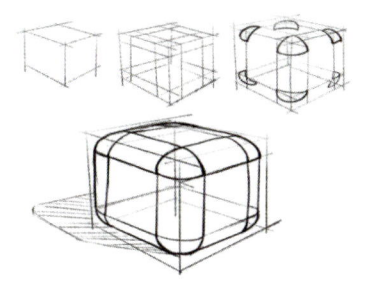

（二）正圆

正圆在日常产品表现中运用到的情况不多，一般分为两种情况，一是在一点透视中，正面对我们的圆，二是球体的外轮廓。正圆大部分情况下随着视角和透视的变化而变成椭圆。圆以及透视变化下的椭圆是产品表现技法中重要的部分，也是很多初学者所畏难的部分，掌握圆与椭圆的绘制原理，勤于练习，有助于我们客观、高效地解决画圆的问题。

1．八点画圆法（图 4-8）

（1）确定在画面中十字辅助线的位置，再确定四个端点。
（2）连接端点画出四边形，再连接四边形的对角线。
（3）在对角线上，从中点到顶角平均成分三等份，2/3 处确定一个点。
（4）参照图片用线连接 8 个点的位置，画出一个圆。

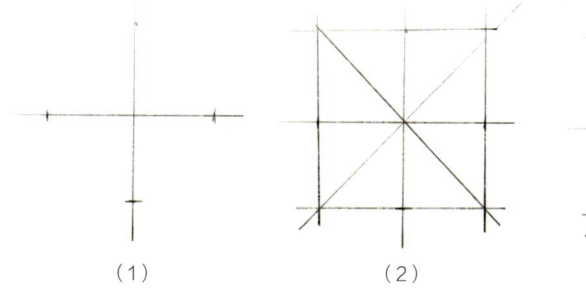

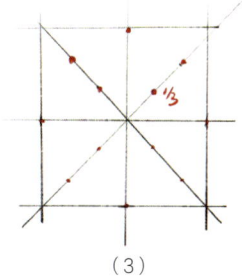

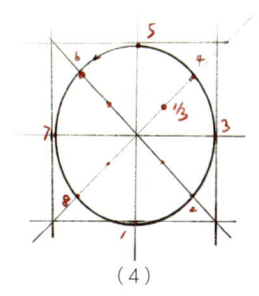

（1）　　　　（2）　　　　（3）　　　　（4）

图 4-8 八点画圆法练习步骤

2．尺规绘制圆

适当地使用各种绘图工具和仪器，有助于提高绘图的质量和效率。下面介绍几种常用于绘制正圆的工具及其用法，可视绘制的需求选择使用。

圆形模板尺：主要是用于产品设计、建筑设计、家居制图、工程制图等，其使用方法是根据制图需求，在图形模板中选择直径相符合的圆，放置在所需位置，用笔沿着圆圈内壁绘制，除圆形模板尺以外，还有椭圆形模板尺、几何绘图模板尺等。（图 4-9）

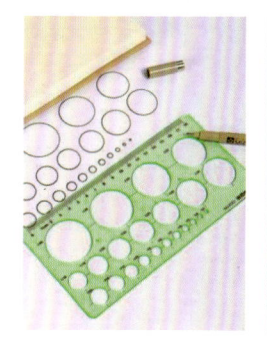

图 4-9 圆形模板尺

圆规：用来绘制圆和圆弧。画圆时，圆规笔尖应与纸面垂直。使用方式如图 4-10 所示。

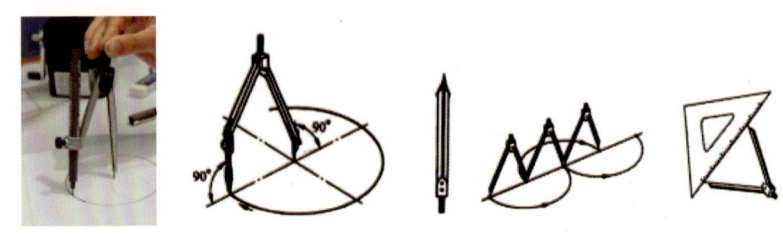

图 4-10 圆规的画法

（三）椭圆

椭圆是圆的透视效果，随着透视状态的不同而呈现不同的椭圆形状。最长直径将椭圆分为远近两部分，近的部分略大，远的部分略小。椭圆跟立方体的透视有一定的相似处，遵循着近大远小，近长远短的规律。

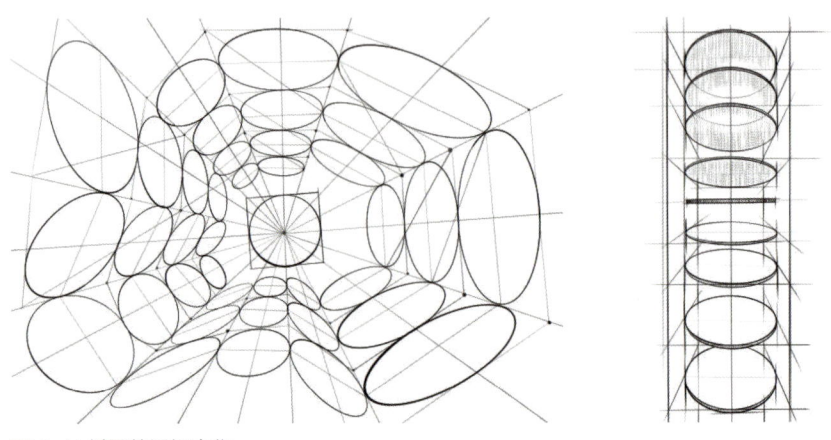

图 4-11 椭圆的透视变化

椭圆的练习方式	
1. 椭圆练习	
2. 十字定点画圆	
3. 长短轴画圆	

| 4.渐进练习 | |

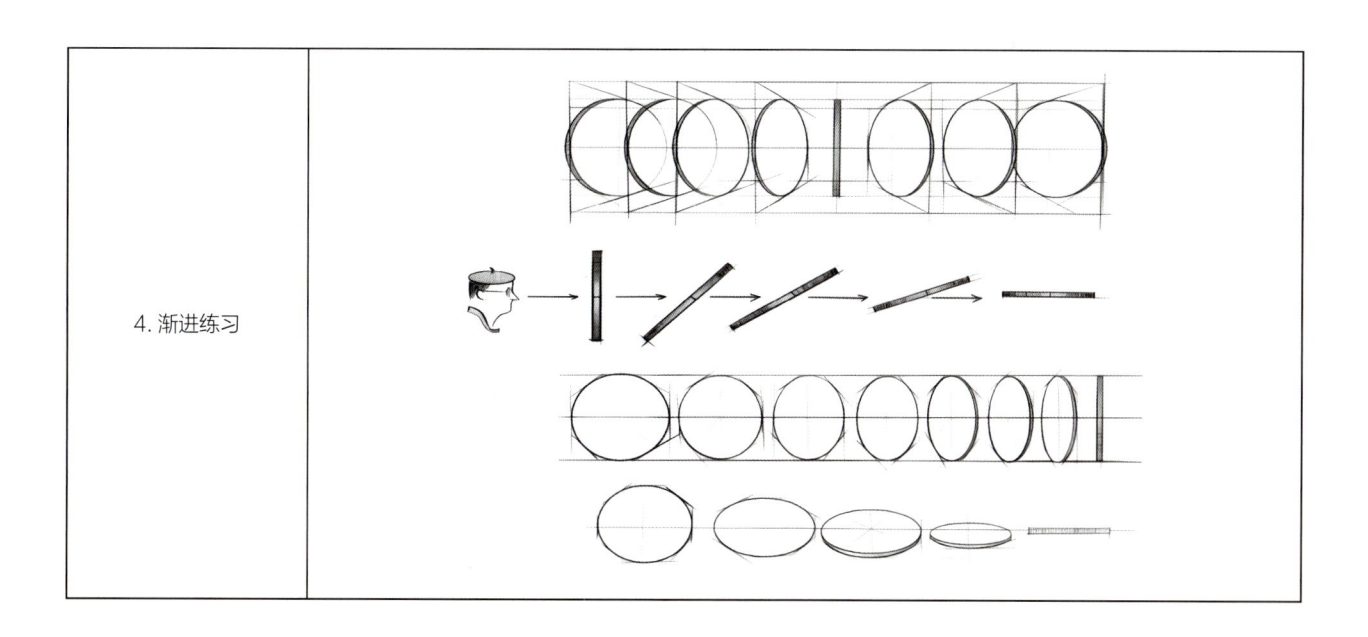

二、曲面

曲面是曲线经过外力施压、挤压所形成的面。曲面按产品形态的需求可分为单曲面、双曲面、凹凸面以及渐消曲面。

1. 单曲面

单曲面是指平面的四条边线中，有一组边线发生了弯曲变化，另一组仍为直线。单曲面的绘制方式可以采用抛物线法、S形曲线法和自由曲线法，由此形成不同形态的单曲面。（图4-12）

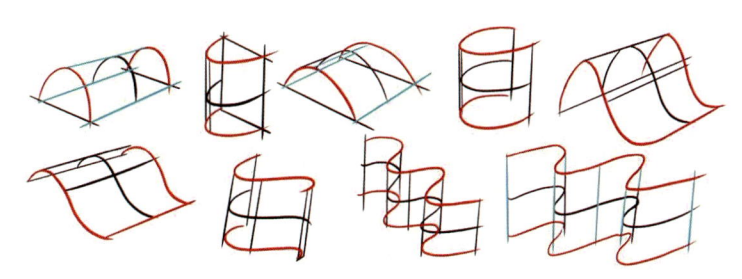

图 4-12 单曲面的绘制图例

2. 双曲面

双曲面是指平面的四条边线都因外力的挤压发生了弯曲，成为曲线，值得注意的是双曲面内的剖面线也会发生相应的变化。（图4-13）

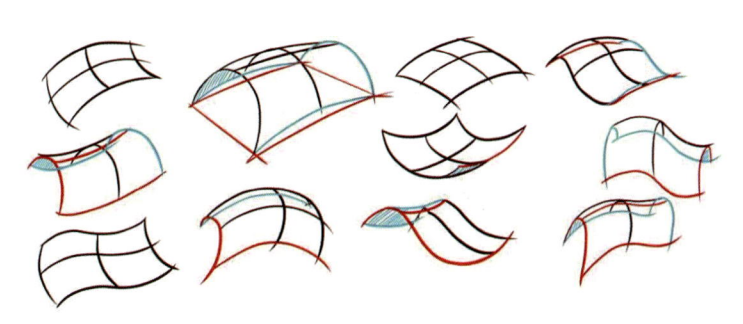

图 4-13 双曲面的绘制图例

3. 凹凸曲面

凹凸曲面在实际的产品设计造型中较为常见，且应用广泛。它可用于整体产品特征的塑造，形成具有特色的产品形态；也可用于产品局部的按键、开关等细节处，突出产品的精致和品质。它主要有丰富产品造型、引导用户视线、引导用户进行操作及满足功能需求等重要作用。（图4-14、图4-15）

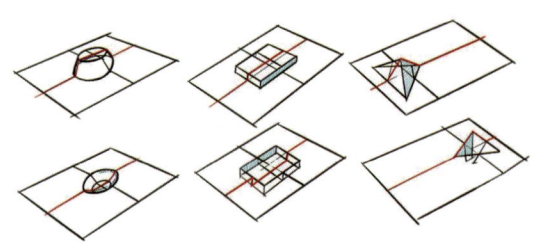

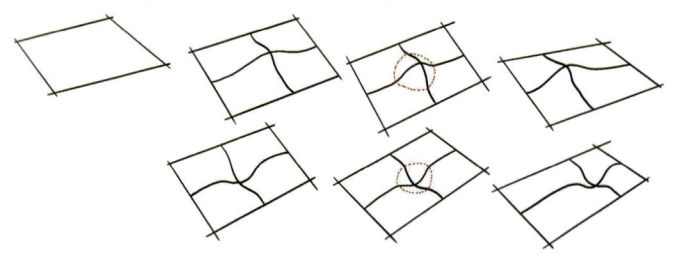

图4-14 凹凸曲面的绘制图例（1）　　　　　　图4-15 凹凸曲面的绘制图例（2）

4. 渐消曲面

渐消曲面是指在产品造型上逐渐消失的线条和曲面，是产品外观设计中常用于处理细节的一种造型手法。平凡无奇的产品形态因渐消曲面形成高低落差，带来雕塑感，与现代简约风、科技感的特征相得益彰。（图4-16、图4-17）

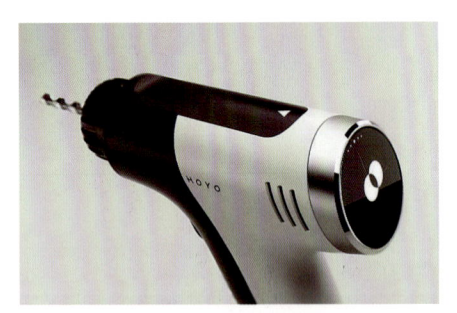

图4-16 渐消曲面在产品中的应用

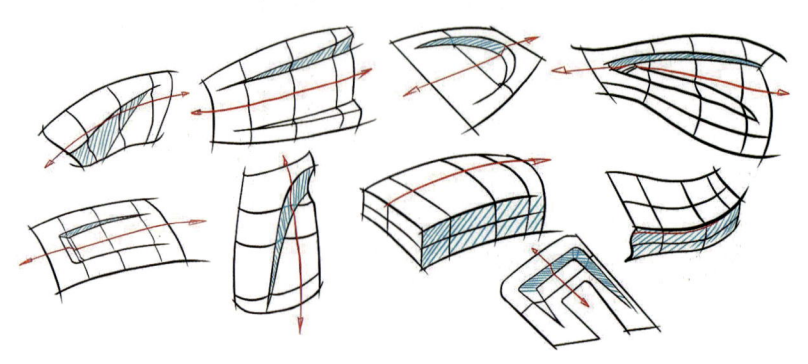

图4-17 渐消曲面的绘制图例

三、圆柱体

圆柱体是产品表现技法中常用的基础形态之一，它可以通过加减、曲线切割、片状处理、切削、包裹、分割、添加纹理和镂空等表现方式，将产品的造型设计出很多花样。圆柱体被大量运用在我们日常生活的产品中，比如吹风机、相机、水杯、运动水壶等。

在绘制圆柱体时，主要应用直线和闭合曲线来构建形体。首先，绘制出一个透视准确的长方体，然后采用八点画圆法绘制长方体的上下面，构建出一个完整的柱体。

1. 一点透视圆柱绘制（图 4-18）

（1）根据 1 : 1.5 比例定出长短轴并完成椭圆绘制；
（2）绘制出辅助线；
（3）为确定底部椭圆透视需根据透视方向绘制出底部辅助线；
（4）根据辅助线确定出底部椭圆短轴距离；
（5）连接剖面线及外轮廓线，完成一点透视圆柱体绘制。

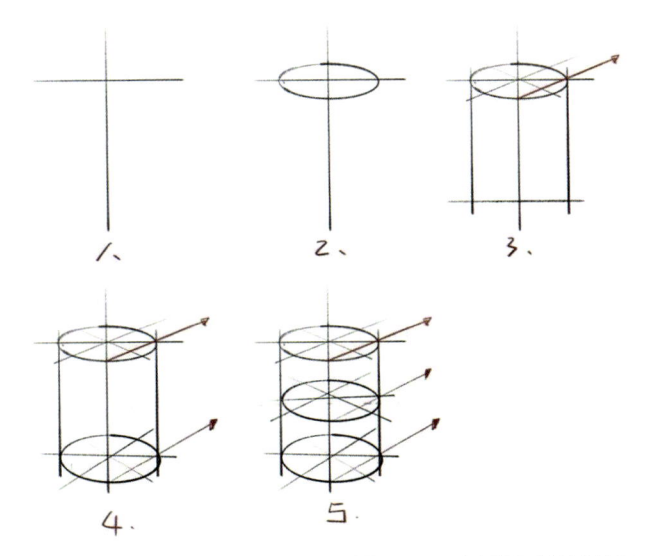

图 4-18 一点透视圆柱绘制步骤

2. 两点透视圆柱绘制（图 4-19）

（1）定出长短轴；
（2）绘制出椭圆根据 1 : 1.5 比例定出横竖剖面线并绘制出辅助线；
（3）确定出第二个椭圆的长轴，并根据第一根辅助线透视方向绘制出第二根和第三根辅助线；
（4）根据辅助线确定底部短轴长度，并完成椭圆绘制以及横竖剖面线；
（5）连接剖面线，完成两点透视圆柱体绘制。

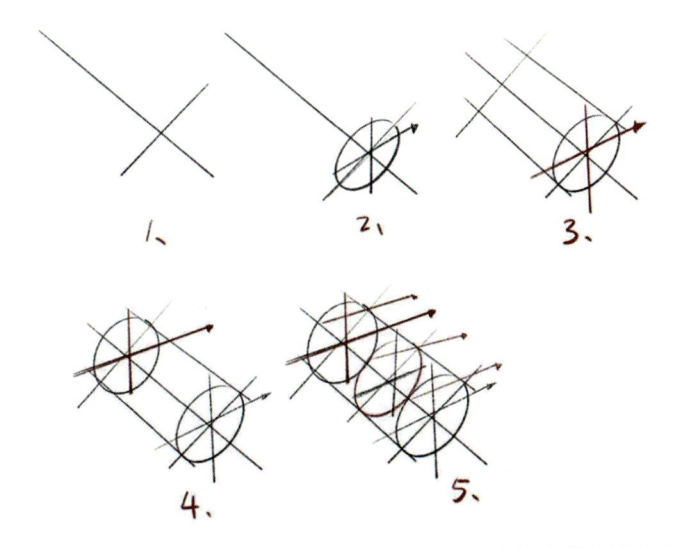

图 4-19 两点透视圆柱绘制步骤

3. 圆柱体的推演绘制（图 4-20）

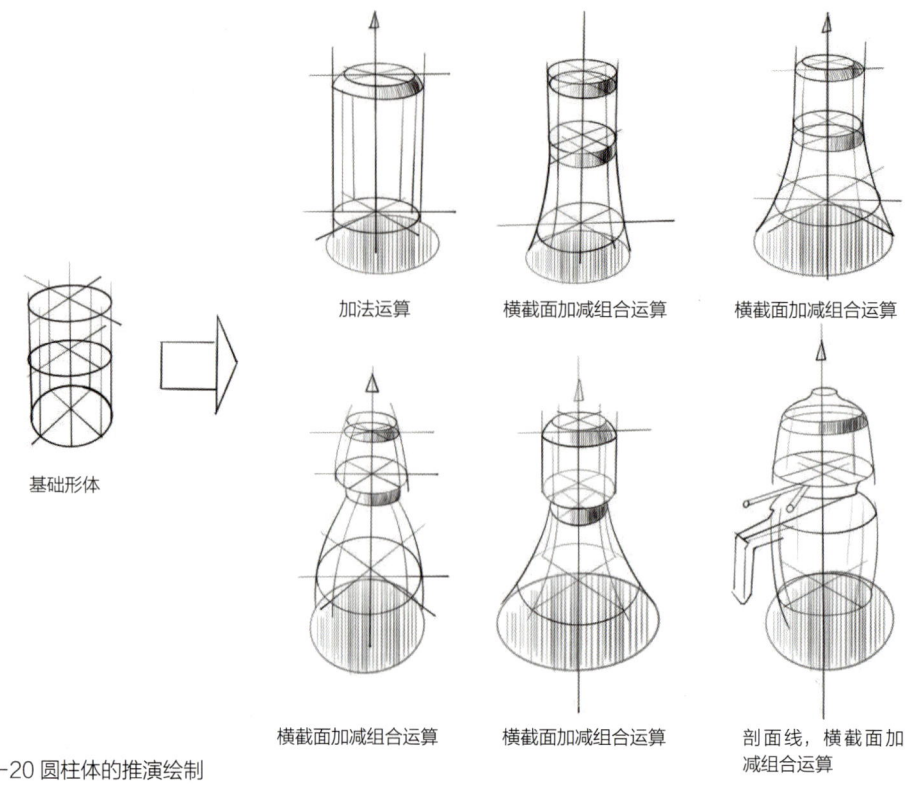

图 4-20 圆柱体的推演绘制

柱体在产品造型中的应用较广泛，多见于小家电、文创产品、家居用品、娱乐电子产品等产品类别，常给人以内敛、柔和与挺拔的感受。（图 4-21）

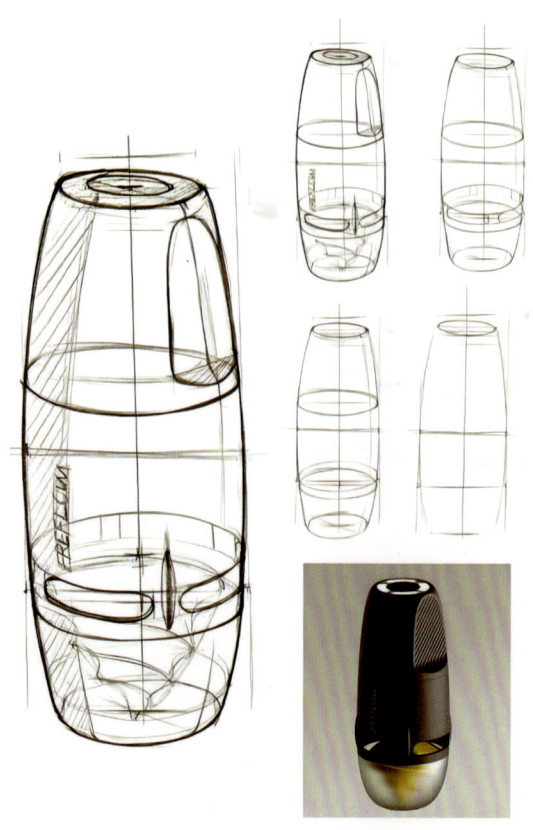

图 4-21 榨汁机的设计与表现 作者：胡丽诗 码头设计

四、球体

球体是产品形态中比较特殊的形态，绘制时相对比较难把握，但了解熟练后，会发现球体类造型绘制速度相对较快，球体切割组合变形后的造型非常有趣，具有很强的亲和力。球体与立方体相比较，两者有着强烈的反差，球体完全由弧线构成，结构特征与立方体刚直的形态对立。球体的外轮廓大多是圆形，其视角需要通过截面来确定，下面我们来了解一下球体的绘制方法。

球体的练习方式（图4-22）

（1）绘制一个正圆；

（2）以圆心为中心，绘制十字线，确定球体的椭圆大小，绘制出椭圆及球体的透视；

（3）如图所示，AB线与CD线形成一个45°夹角，连接ABCD四个点绘制椭圆；

（4）根据产品增加球体的外形特征。

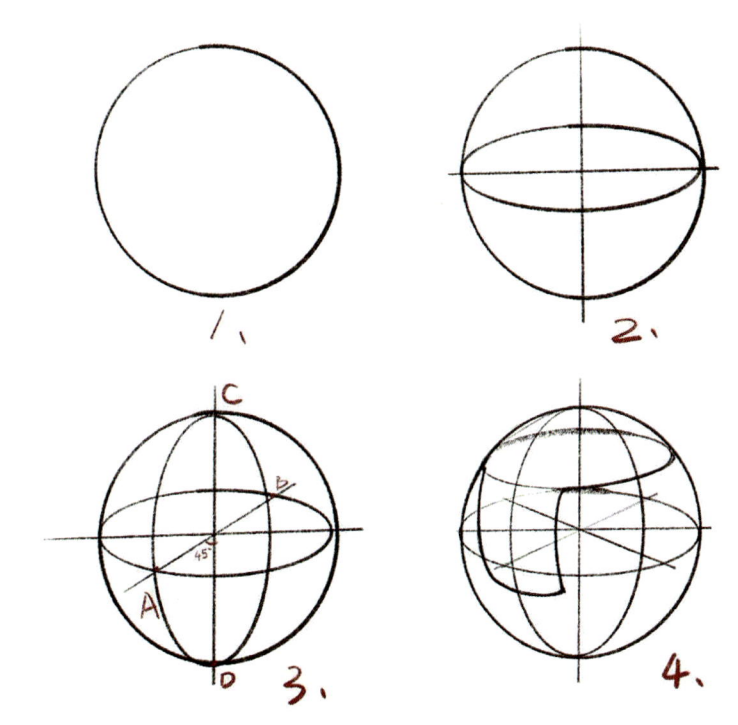

图4-22 球体的绘制步骤

任务实施单

任务	设计一款便携式香薰机。（"1+X"产品创意等级证书——初级，第三部分设计实践样题）
时间	1.5 小时
材料和设备	A3 纸张、手绘工具箱。
要求	1.以线稿的形式展示设计方案； 2.要求透视准确； 3.要求明暗关系准确。
创意构思	案例参考（香薰机的设计与表现 作者：胡丽诗 码头设计）

拓展练习

1. 自由曲线的练习方法有哪些？
2. 曲面的类型有哪些？
3. 说一说正圆的绘制方法。
4. 什么是凹凸曲面，以及练习时的注意事项有哪些？
5. 什么是渐消曲面，以及练习时的注意事项有哪些？
6. 圆柱的练习方法有哪些？
7. 说一说圆柱体的推演方式。

模块三

产品设计分析表现

任务五　产品设计思维表现

任务六　产品造型设计表现

任务七　产品人机关系图表现

任务五　产品设计思维表现

任务卡

任务名称	产品设计思维表现	建议学时	4 学时
任务说明		产品设计思维表现是将设计思维的过程可视化，设计思维的可视化可分为主题分析、发现问题、分析问题、解决问题、综合分析与总结五个部分。本任务主要讲解这五部分思维的方法和表现的形成，使学生能够规范化地绘制图表并呈现设计思维，具备分析问题、判断问题以及解决问题的能力。		
任务目标	知识目标		1. 了解产品设计思维的组成部分； 2. 了解设计调研、分析的情况，并能判断设计趋势和掌握流程与方法； 3. 了解产品设计思维的思考方式和表现形式。	
	能力目标	1. 掌握设计调研的方法，具备设计分析和判断的能力； 2. 掌握设计思维发散的方法，具备创意设计的能力； 3. 掌握设计思维的表现形式，具备清晰、完整呈现设计思维的能力。	
	素质目标	1. 具有创新意识和创新精神，有一定的创造性思维能力； 2. 具有较强的问题分析与解决的能力； 3. 具有较强的表达与沟通能力。	
任务重点		了解设计思维的组成部分、各部分思考的方式和表现形式。		
任务难点		1. 掌握设计思维思考的方式，具备调研问题、分析问题、判断问题以及解决问题的能力，并灵活应用在设计生活中； 2. 掌握设计思维的表现形式，具备呈现设计思维的能力，并灵活应用在设计生活中。		
任务准备	纸类（复印纸）	笔类：马克笔、水溶性彩铅笔、圆珠笔、高光笔	尺规类：圆规、云尺、蛇形尺、模板尺、43 cm 三角套尺
任务评价		评价方式：教师评价 + 小组评价 教师评价：教师就小组完成的成果点评；小组评价：小组成员根据预设的目标，对各成员的工作情况和结论给予评价。		
		过程考核（60 分）	综合测评（40 分）	
	素质考核（10 分）	项目或课内实践考核（50 分）	

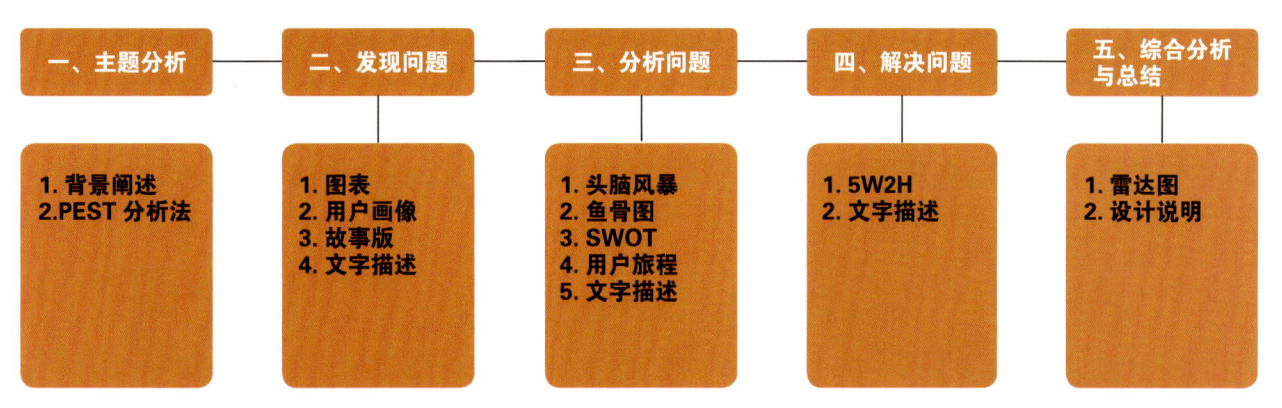

一、产品设计思维表现

产品设计思维表现是以图表的形式来对产品设计思维的过程进行规范化的梳理和绘制,从而使关键信息能够通过最为直观的方式来表达,使阅读者明确知道整个流程的概况以及每个设计流程之间的关系。产品设计思维表现主要包含主题分析、发现问题、分析问题、解决问题、综合分析与总结几个方面的内容。(图5-1)

图 5-1 产品设计思维表现流程

(一)主题分析

主题分析一般是以纯文字的方式或 PEST 分析法对主题的大方向、大背景进行一些阐述。PEST 分析是数据分析中常用的模型之一,是指对宏观环境的分析,P 是指政治 (politics),E 是指经济 (economy),S 是指社会 (society),T 是指技术 (technology)。以下图例是在 PEST 分析法常用的几种绘制结构 (图 5-2、图 5-3)。

图 5-2 PEST 分析法电子效果图表现形式

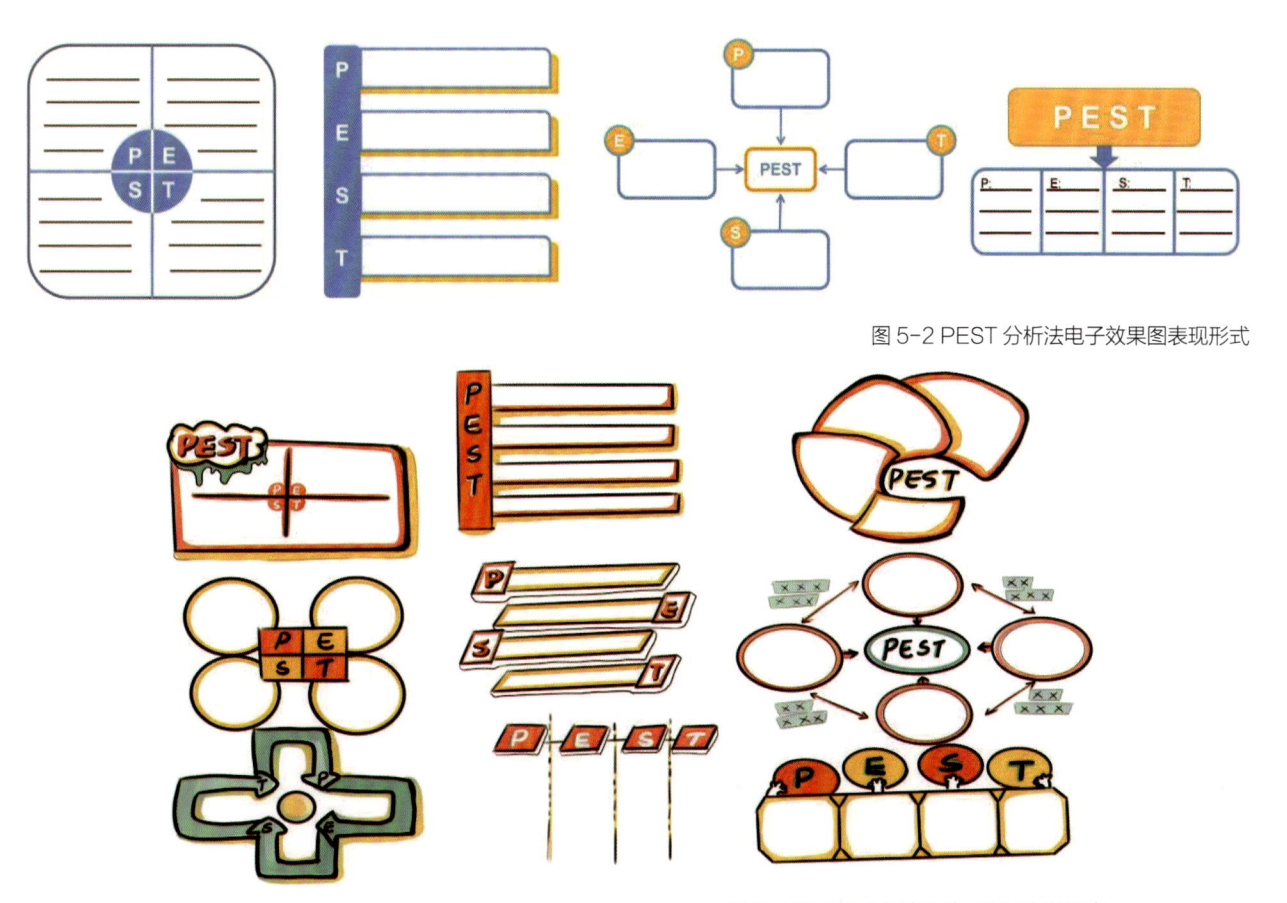

图 5-3 PEST 分析法手绘效果图表现形式

（二）发现问题

发现问题就是挖掘主题存在的痛点或用户需求，用户的需求正是产品设计的出发点和最终落脚点，是需要通过大众普调、数据分析才能得到的调查结果。为了将普调后的数据简洁、精准地呈现，一般以绘制数据图表结合人物定位的方式进行分析。

1. 数据图表

数据图表的作用是为了把复杂的事物说清楚，采用画图表的方式来弥补单用文字表达的不直观，使解说更加简洁、直接、具体以及完善。用图表来展示数据的形式有很多，常用的有饼状图、条形图、折线图和面积图等。（图 5-4、图 5-5）

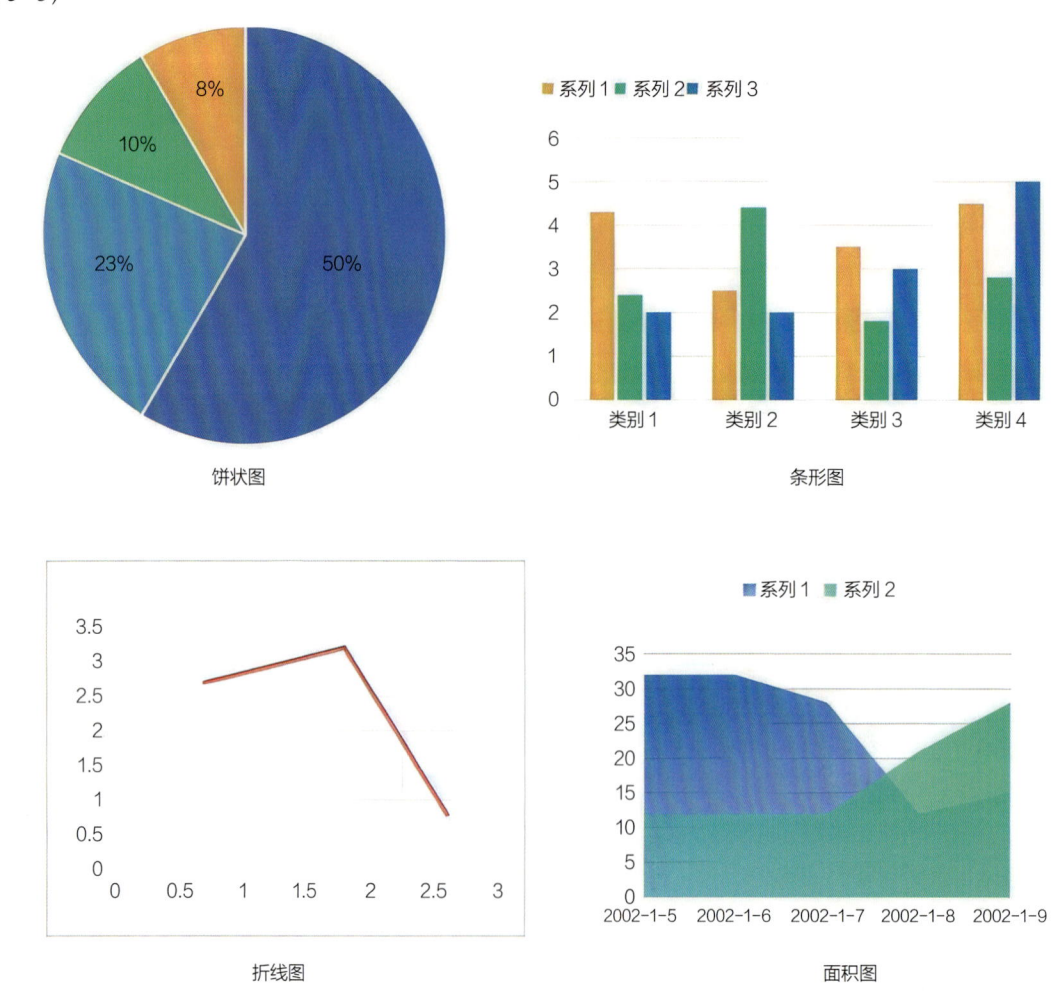

图 5-4 数据图表电子效果图表现形式

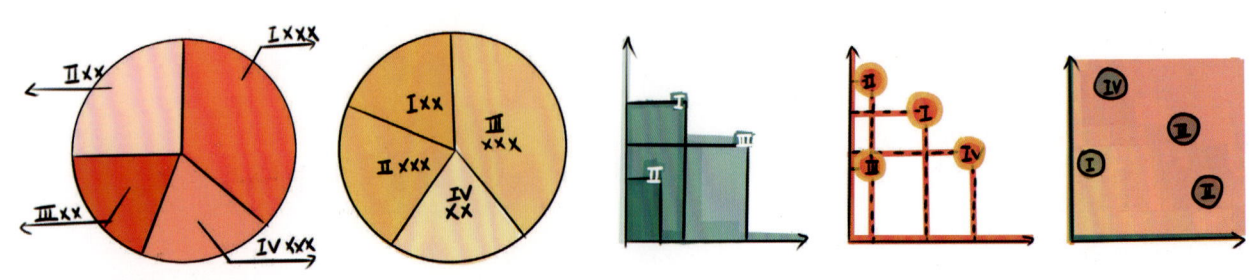

图 5-5 数据图表手绘效果图表现形式

2. 用户画像

用户画像指通过建立一个具有代表性的人物模型去阐述问题或者需求，拟定人物的名字、年龄、工作、性格、爱好和生活状态等情况，用于精准定位用户人群。（图5-6、图5-7）

E 社区用户基本特征描述

年龄性别
· 95后，00后
· 男性用户占比略高

性格特征
· 理想自我多元化
· 个性化，不盲从
· 认同的价值观：宅、高冷、逗比、呆、坏
· 性格共性：自信、乐观、执着、敢想敢说敢做
· 爱发言
· 好奇尝新

生活状态
· 学习考试
· 忙里偷闲
· 大部分时间跟同学一起
· 娱乐种类单一
· 被管控约束

关注点
· 学习
· 考试
· 交友
· 娱乐
· 兴趣爱好
· 上大学

上网习惯
· 手机上网为主
· 以流量为主
· 上网时间集中在晚上和假期
· QQ 重度用户

客观条件
· 假期少
· 上网时间少
· 上网条件差
· 学校限制手机使用
· 流量总是不够

用户分布
· 地域分布：高考压力较大的山东、河南、浙江以及相对较发达的近、沿海区域
· 年龄分布：E社区用户主要以高二用户为主，其次是高三用户，高一和大学用户相对较少
· 社区等级：99.7% 处于幼儿园级别，学前班以上级别仅占 0.3%
· 社区贡献：27% 贡献了全部内容，73% 的用户就只看不说话

信息来源：
——调研问卷和用户访谈
——后台数据反馈
——研究报告

95 后用户特点

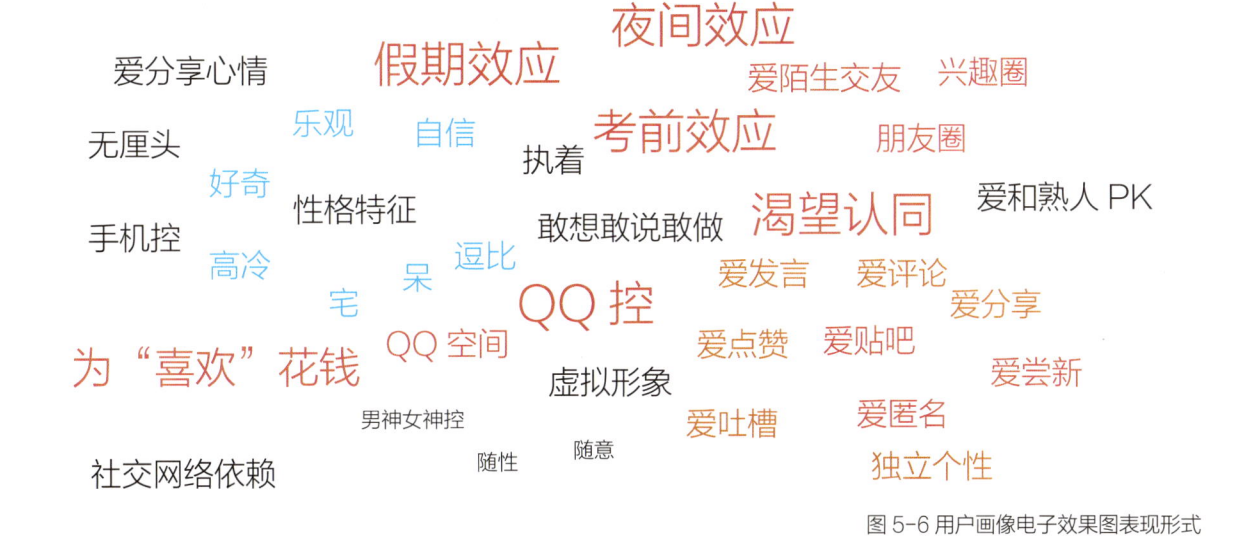

爱分享心情　假期效应　夜间效应
无厘头　乐观　自信　爱陌生交友　兴趣圈
好奇　执着　考前效应　朋友圈
手机控　性格特征　敢想敢说敢做　渴望认同　爱和熟人 PK
高冷　呆　逗比　爱发言　爱评论
为"喜欢"花钱　宅　QQ空间　QQ控　爱点赞　爱贴吧　爱分享
虚拟形象　爱尝新
男神女神控　爱吐槽　爱匿名
社交网络依赖　随性　随意　独立个性

图 5-6 用户画像电子效果图表现形式

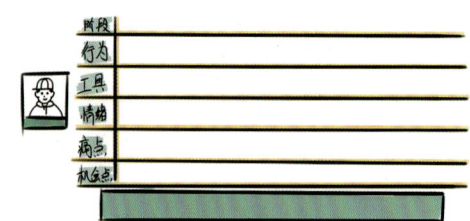

图 5-7 用户画像手绘效果图表现形式

（三）分析问题

分析问题是对设计主题的继续挖掘的过程，一般运用思维导图结合用户旅程图的方式进行呈现。

1. 思维导图

思维导图是表达发散性思维的有效图形工具，它是根据人类的思维发散性，由一个主题中心点，扩充到另外各个分支点上，再用图表连线的方式综合起来绘制，它运用图文并重的技巧，把各级主题的关系用相互隶属与相关的层级图表现出来，把主题关键词与图像、颜色等建立记忆链接，从而协助开启人类大脑的无限潜能。

图 5-8 是产品表现技法中常用的 10 种类型的思维导图模板。

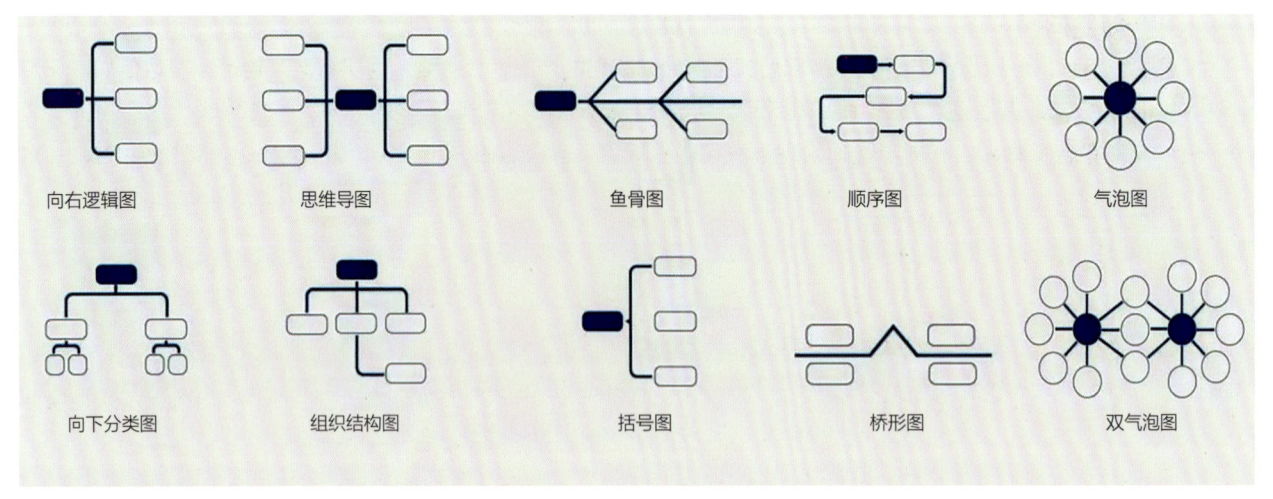

图 5-8 思维导图模板

2. 用户旅程图

把用户使用产品的过程当成是用户的一次旅行，再用一张图把这个旅行可视化地表现出来就得到了用户旅程图。用户旅程图以用户需求为导向，互动触点为架构，互动体验为内容，帮助设计师明确每个场景下用户的需求、痛点、态度和行为，从而提炼出合理的设计机会点和设计策略。（图 5-9）

用户旅程图包括的要素有：目标用户画像、目标/需求、场景/阶段、行为/触点、感受思考、情绪曲线、痛点以及可行动的机会点。绘制用户旅程图的步骤如下：

步骤 1：绘制用户画像。通过用户调研、问卷收集、社群回访等方式尽可能多收集用户信息，借助数据分析等工具，勾画出目标用户的画像。

步骤 2：列出用户行为。详细地列出用户在接触、意识、行动、交付、宣传各阶段的行为。

步骤 3：明确用户目标。从用户行为来梳理、思考用户每个阶段的不同需求。

步骤 4：整理痛点、满意点。列出每个阶段用户的痛点、满意点并分析背后的原因，分析出如何提高用户的满意度。

步骤 5：绘制情绪曲线。根据用户每个阶段的痛点、满意点绘制情绪曲线，最后在总体曲线中寻找规律。

用户旅程图
林同学今年 21 岁，是一名在校大学生。

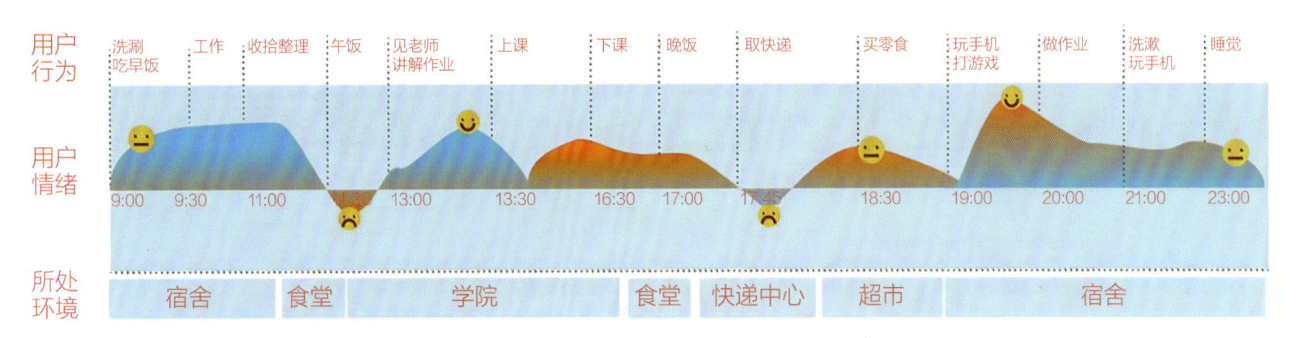

用户行为	洗漱吃早饭	工作	收拾整理	午饭	见老师讲解作业	上课	下课	晚饭	取快递	买零食	玩手机打游戏	做作业	洗漱玩手机	睡觉
时间	9:00	9:30	11:00		13:00	13:30	16:30	17:00		18:30	19:00	20:00	21:00	23:00
所处环境	宿舍		食堂	学院		食堂	快递中心	超市	宿舍					

用户痛点：
- 宿舍桌面空间有限
- 物件很多，显得很杂乱
- 课桌感觉不舒适
- 环境内容物风格杂乱
- 需要排队
- 没有等候区域

图 5-9 用户旅程图

（四）解决问题

了解主题用意，分析出用户痛点和需求后就可以展开我们的产品设计计划，为了精准、精简地表达信息，一般采用 5W1H 的方法。其表达式为 WHAT+WHY+WHERE+WHO+WHEN+HOW，本方法简单、方便，易于理解、使用，富有启发意义，有助于我们发现解决问题的线索，寻找思路，也有助于弥补考虑问题时的疏漏。（图5-10、图 5-11）

5W1H 分析法

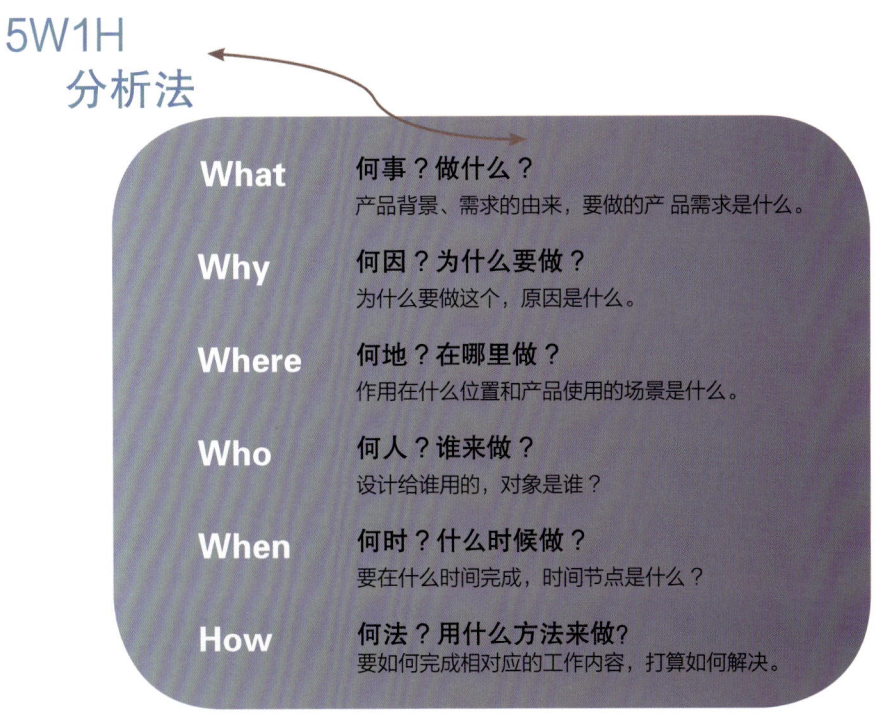

- **What** 何事？做什么？
  产品背景、需求的由来，要做的产品需求是什么。
- **Why** 何因？为什么要做？
  为什么要做这个，原因是什么。
- **Where** 何地？在哪里做？
  作用在什么位置和产品使用的场景是什么。
- **Who** 何人？谁来做？
  设计给谁用的，对象是谁？
- **When** 何时？什么时候做？
  要在什么时间完成，时间节点是什么？
- **How** 何法？用什么方法来做？
  要如何完成相对应的工作内容，打算如何解决。

图 5-10 5W1H 分析法

图 5-11 5W1H 手绘效果图

（五）综合分析与总结

综合分析与总结是将前期各个部分的分析结果或各种特征联合为一个整体进行归纳，给出一个总结性质的结论，并明确下一步的设计任务，这样的设计分析才算完整。

综合分析与总结一般采用雷达图辅助进行说明，雷达图主要用来表现多维数据，将多个维度的数据量映射到坐标轴上，每一个维度的数据都分别对应一个坐标轴，这些坐标轴以相同的间距沿着径向排列，并且刻度相同。

坐标轴、点、线、多边形共同组成了雷达图。（图 5-12）

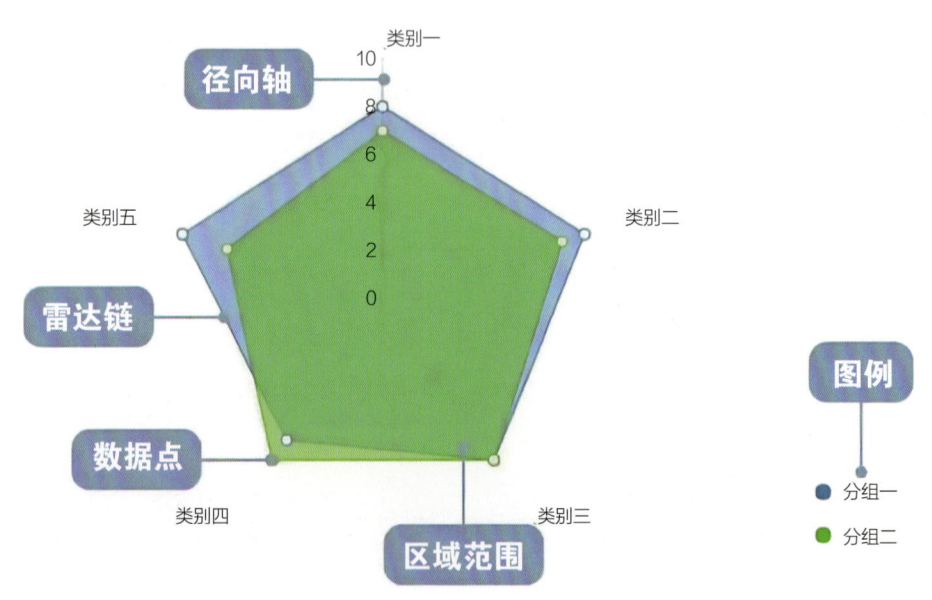

图 5-12 雷达图电子效果图

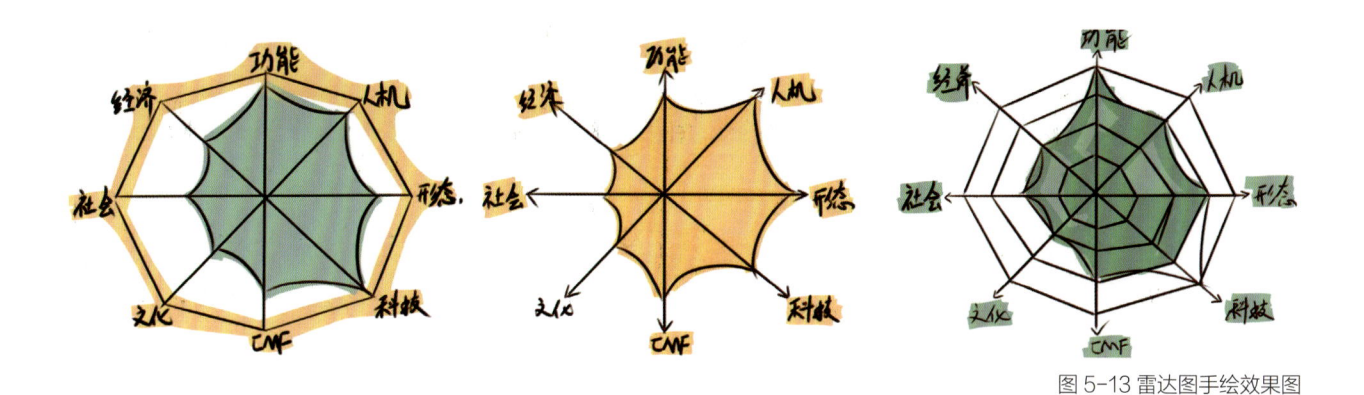

图 5-13 雷达图手绘效果图

二、产品设计思维表现案例

产品设计思维表现案例是将前期调研和产品的定位等相关信息,进行有规划、有逻辑性的呈现。呈现的信息应有问题背景、人群定位、市场分析、竞品分析、产品分析、行为分析、需求分析、头脑风暴和痛点机会点分析等,常用的设计工具有用户画像、5W1H 分析、用户旅程图、用户访谈和数据对比图等。产品设计思维分析是产品设计方案的必要部分,体现设计师对设计流程的掌握和对设计流程前后逻辑关系的理解。产品设计思维的表现形式根据设计所处的阶段不同而有所变化。如在设计创意阶段,产品设计思维常用产品快题的形式表现,常用于各类比赛和升学考核中;在项目汇报阶段,产品设计思维常用 PPT 或展板的形式呈现。

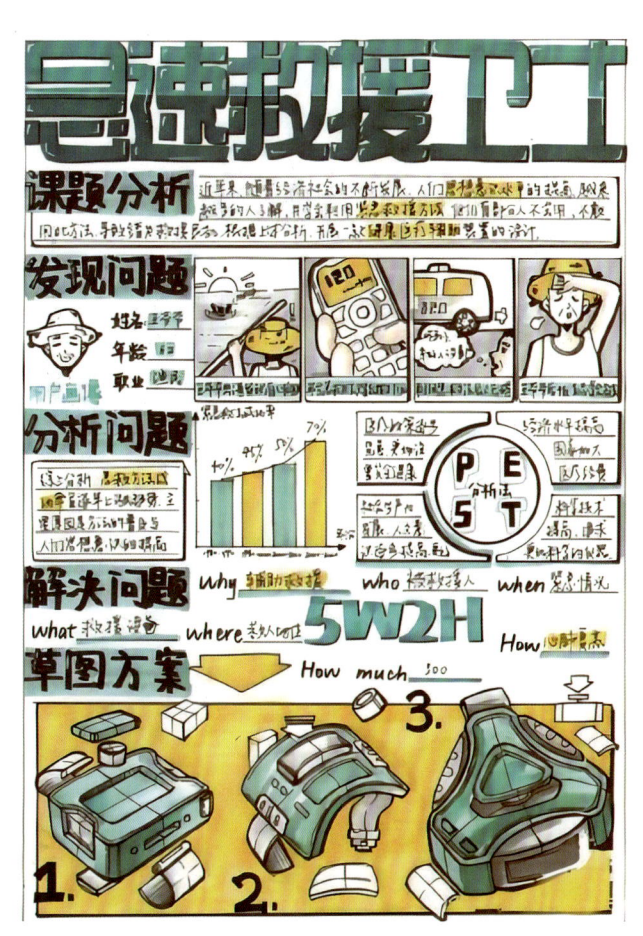

图 5-14 广州美术学院考研模拟题——产品设计分析(1) 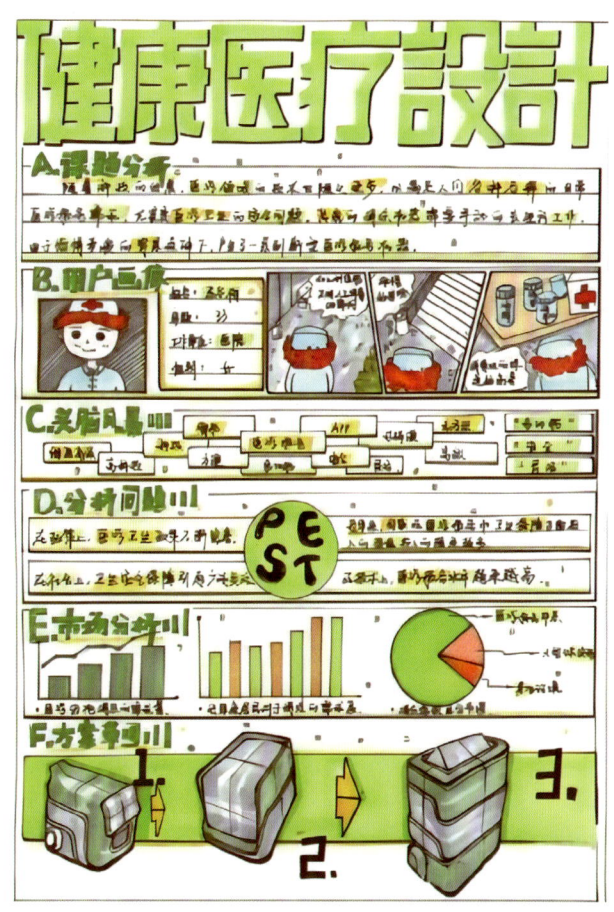　　图 5-15 广州美术学院考研模拟题——产品设计分析(2)

任务实施单

任务	概念方案草图设计：设计一款儿童台灯。 （"巴渝工匠杯"重庆市工业设计职业技能大赛中的竞赛模块模拟题）
时间	1.5 小时
材料和设备	A3 纸张、手绘工具箱。
要求	根据设计主题开展设计创意，利用产品分析的方法分析设计需求，并绘制概念方案草图，通过具有艺术表现力的草图形式来说明造型及主要功能。
创意构思	案例参考（产品分析案例）

拓展练习

1. 产品设计思维表现的内容有哪些？
2. 产品设计思维表现的工具有哪些？

任务六 产品造型设计表现

任务卡

任务名称	产品造型设计表现	建议学时	2 学时
任务说明		产品设计方案主要是表现产品外观造型设计，设计造型的方法不是天马行空，也需有一定的方法辅助创意构思的形成。本任务主要讲解几何造型法、仿生造型法和动作造型法的具体方法与表现形式，使学生具备创新产品设计方案的能力。
任务目标	知识目标		1. 了解产品设计时几何造型法的设计方法和设计要素； 2. 了解产品设计时仿生造型法的六个维度； 3. 了解产品设计时动作造型法的方法和表现形式。
	能力目标		1. 掌握几何造型法的设计方法和设计要素，具备运用几何造型法进行产品造型设计的能力； 2. 掌握仿生造型法的六个维度，具备运用仿生造型法进行产品造型设计的能力； 3. 掌握动作造型的方法和表现形式，具备运用动作造型法进行产品造型设计的能力。
	素质目标		1. 具有创新意识和创新精神，有一定的创造性思维能力； 2. 具有较强的问题分析与解决的能力； 3. 具有较强的表达与沟通能力。
任务重点		掌握产品造型的方法，具备产品造型设计的能力。
任务难点		掌握产品造型的方法，具备产品造型设计的能力，并灵活应用在设计生活中。
任务准备	纸类（复印纸）	笔类	尺规类
		马克笔、水溶性彩铅笔、圆珠笔、高光笔	圆规、云尺、蛇形尺、模板尺、43 cm 三角套尺
任务评价		评价方式：教师评价 + 学生互评
		教师评价：教师点评；学生互评：引导学生与学生之间相互点评任务成果。
		过程考核（60分）	综合测评（40分）
	素质考核（10分）	项目或课内实践考核（50分）	

一、几何造型法

几何造型法是指产品设计的外观形态采用几何体块进行组合、穿插、替换和融合，是产品设计中最常见的基础造型方法。当下生活中随处可见由几何造型法设计的产品外观。

1. 几何造型法的运用

设计师可先根据产品的定位，对产品的形态进行概括，比如圆柱或是方体；再根据产品的功能对几何形态进行替换或叠加；最后将新的几何体组合进行融合，采用分割、减少或叠加的方式创造出新的造型方案。（图6-1、图6-2）

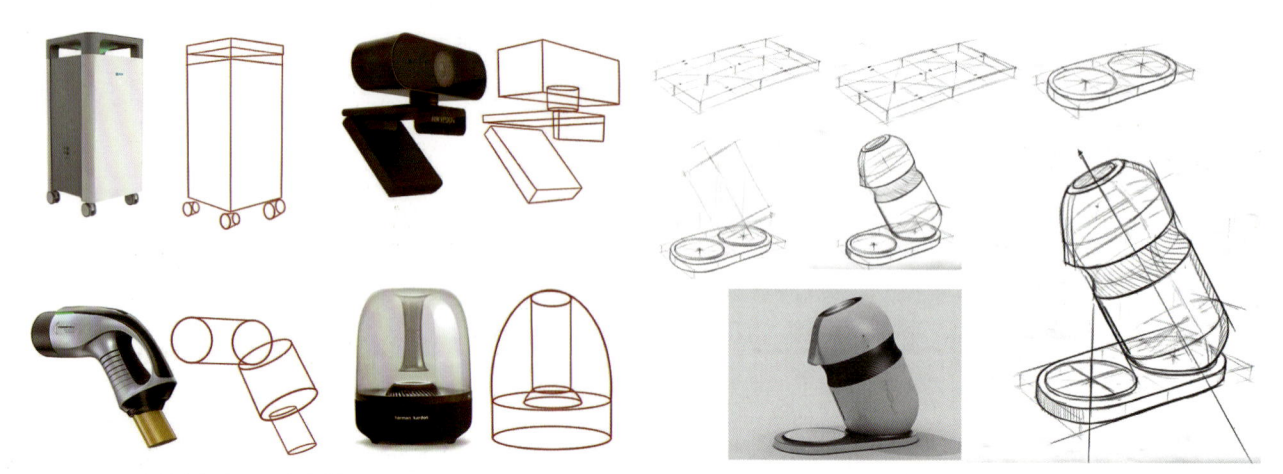

图 6-1 几何造型法在产品设计中的运用

图 6-2 几何造型法运用产品形态的推演流程　作者：码头设计

几何造型法的变化形式如图6-3。

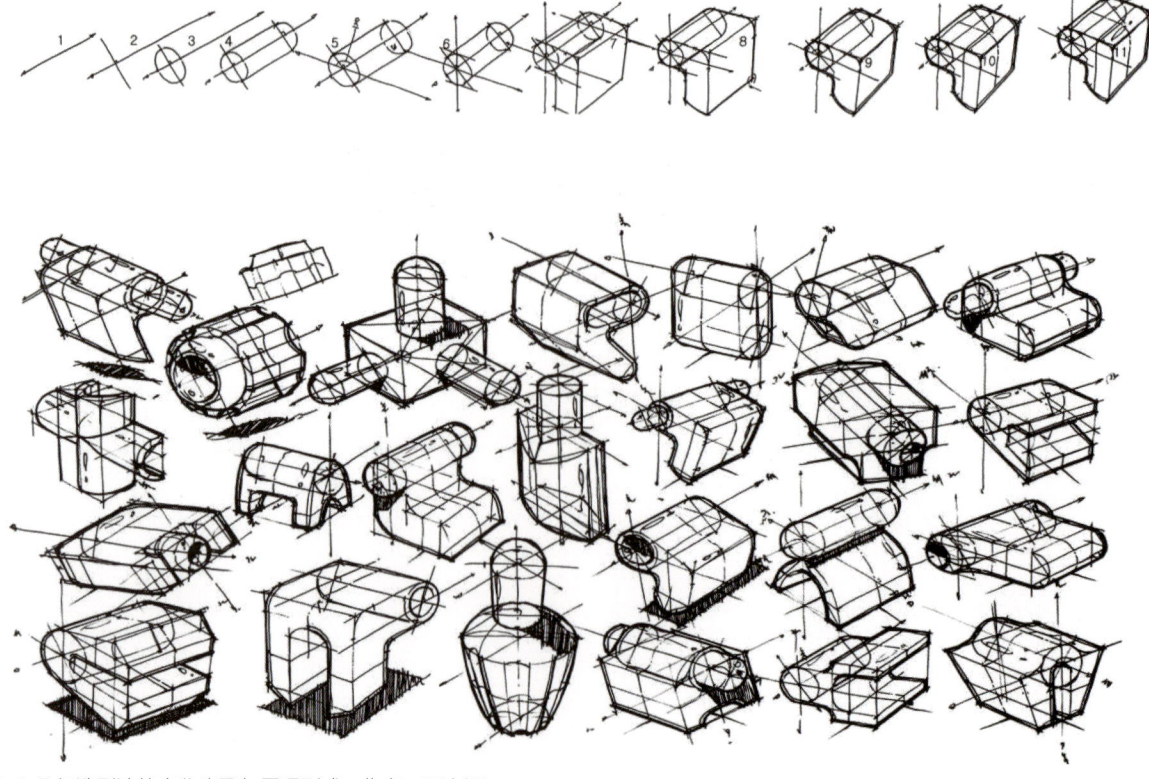

图 6-3 几何造型法的变化步骤与展现形式　作者：石上源

2. 几何造型法的设计要素

几何造型法运用时需把握比例、节奏和层次三大设计要素，因为这三大要素对产品整体的外观设计和产品功能的使用有较大影响。

（1）比例

比例是指产品整体比例和局部比例。产品设计中细微的比例调整，可以产生完全不同的视觉效果。整体比例需要考虑产品长、宽、高之间的关系，局部比例是指产品自身部分部件和各零件之间的尺寸关系。在产品设计中比例与分割是十分讲究的，除了满足美观性和功能性外，还需考虑人机关系。（图6-4）

黄金分割比例1∶0.618，即长为1、宽为0.618，兼具艺术性与和谐性，蕴藏着丰富的美学价值。黄金分割比例因独特性质被广泛应用于数学、物理、建筑、美术、设计等领域。图6-5的香薰机即是根据黄金比例的数值运用，使产品比例和谐、融洽，给人以舒适的观感。

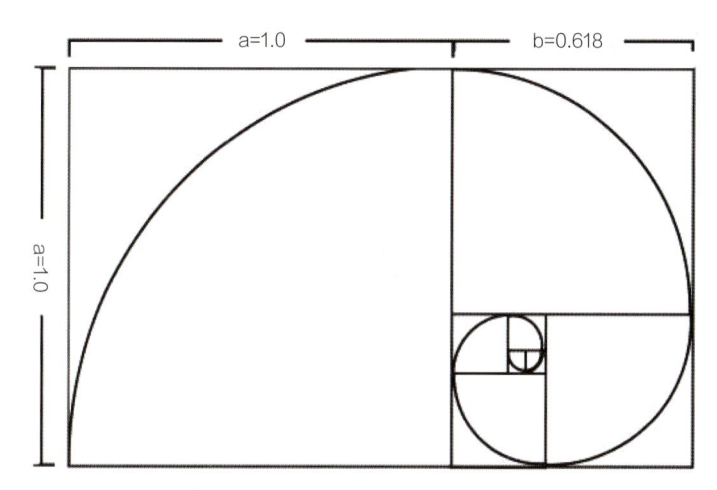

图6-4 黄金分割在设计中的运用

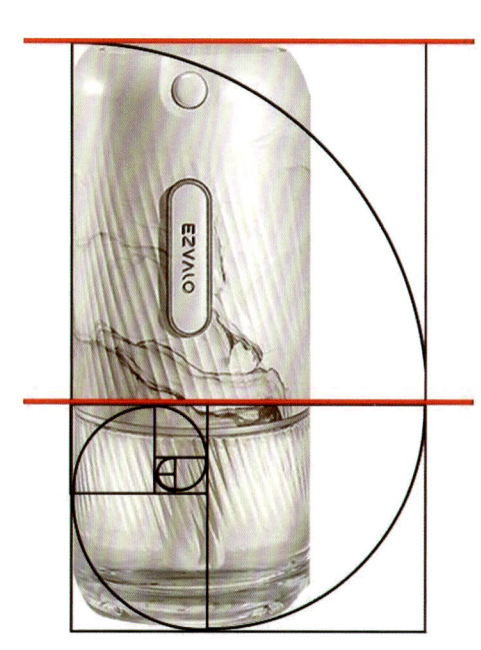

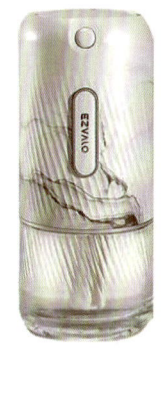

图6-5 黄金分割在产品设计中的运用

(2）节奏

产品造型节奏感是利用同一要素连续重复，产生动态感进而展现张力与魅力的一种表现方式，在视觉设计中能产生强烈的透视感和空间感，是一种有顺序、有节奏的变化。从形象上讲，有形状、大小、色彩、肌理方面的渐变；从排列上讲，有位置、方向、骨骼单位的渐变等。对于产品设计而言，按键、风孔、指示灯、文字、装饰等要件可通过疏密、刚柔、粗细、长短、交错的不同排列组合变化形成产品独特的韵律感。（图6-6）

图6-6 节奏在产品设计中的运用

节奏感的变化可以通过长度或体积的大小对比，由元素间的不同距离形成的松紧关系和由元素聚集数量不同形式的疏密关系等方面进行调整。（图6-7）

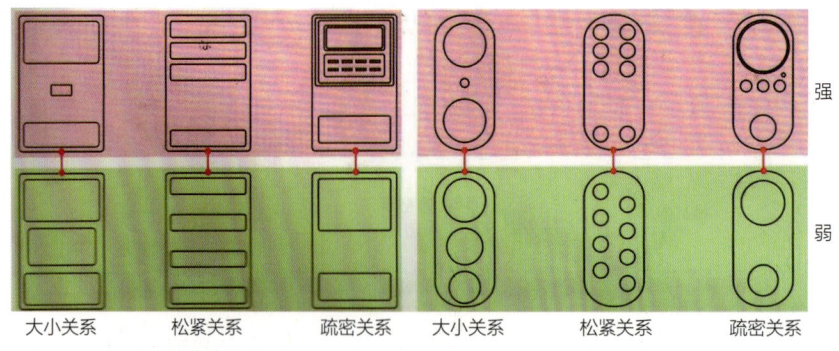

图6-7 节奏在产品设计中的运用方法

产品整体节奏感的强弱要根据实际产品需求进行控制和调节。较强的节奏感适合突出主体（主要功能部分），形成强烈的视觉跳跃；较弱的节奏感可使产品各组合元素达到统一的视觉效果，使产品效果趋于均衡、稳定。（图6-8）

图6-8 节奏在产品设计中的表现形式

（3）层次

层次是指产品外观造型在结构或功能方面的等级秩序，在产品造型设计中主要指视觉层次和功能层次。视觉层次须服从于功能层次，能使产品实际操作过程中形成明确的视觉、行为引导，告诉用户什么位置（部件）是主要的，什么位置是次要的。这样能够极大提高用户的操作效率，降低学习成本，提升产品的易用性。

影响产品层次感的因素有尺寸、色彩、材质和肌理等方面。如图 6-9 所示，该产品概括为方体，具有 6 个面。A 面为主功能面，须通过各种方式进行重点突出，使元素之间的聚集性和层次感更强，形成头部聚集效应。B 面和 C 面为次要功能面，在造型设计时需进行简化和统一，形成无变化的简单面，代表无重要功能。

图 6-9 层次在咖啡机中的运用

二、仿生造型法

仿生设计是以自然界万事万物的独有特征为研究对象，有选择地在设计过程中应用这些特征原理所进行的设计。需要结合仿生学的研究成果，为设计提供新的思想、新的原理、新的方法和新的途径。运用仿生造型法的案例不胜枚举，如科尼利斯·德雷尔根据鲸的排水进水实现浮上潜下原理制造了潜水艇等。

仿生设计包含 6 个维度：形、色、肌理、功能、结构、意象。（图 6-10）

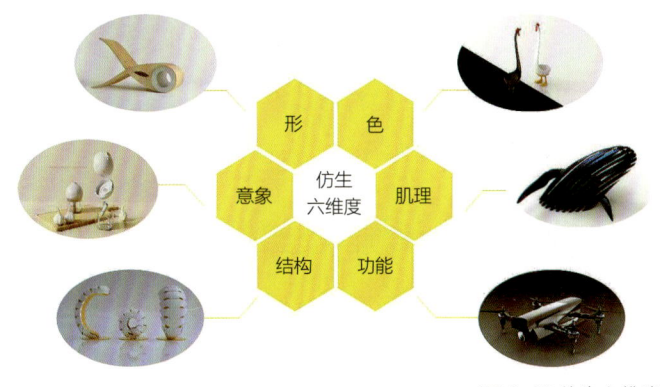

图 6-10 仿生六维度

仿生设计六维度	
形	形态仿生，是指提炼自然界一切事物（生命体与非生命体）的外部形态特征及其象征寓意，经过一定的艺术处理手法将其运用在设计中，寻求产品外部造型的创新。
色	色彩仿生，是将自然界的色彩运用在产品色彩搭配中，自然色彩的运用都有其独特的功能和目的，通过对其原理的研究和应用，可以有效发挥色彩在设计中的作用，同时色彩表现是美感的重要组成部分，对产品外观的设计具有重要意义。
肌理	对仿生对象表面的肌理与质感进行模仿应用。
功能	研究自然界生物体和物质存在的客观功能的原理与特征，并用这些原理去改进现有的或建造新的技术系统，以促进产品的更新换代或新产品的开发。
结构	对仿生对象独特的结构进行模仿。结构是功能实现的基础，也是生命存在的必要条件。结构仿生设计是通过对自然生物由内而外的结构特征的认知，结合不同产品概念与设计目的进行设计创新，使人工产品具有自然生命的意义与美感特征。
意象	对仿生对象独有的内涵、象征、寓意进行模仿应用，是仿生对象与人的意识思维共同作用的结果。

三、动作造型法

动作造型法由很多造型设计手法整合而成，是对产品的原始形态进行分割、镂空、串联、扭曲、倾斜等一系列的动作。在雕琢与塑造的过程中，产品的原始形态能产生各种生动且奇妙的变化形态，由此形成不同的造型方案。

名称	图示	名称	图示
分割		镂空	
串联		扭曲	
开孔		倾斜	
凹凸		包裹	
重复		渐消	
倒角			

任务实施单

任务	采用仿生造型法，设计一款文具用品。
时间	3小时
材料和设备	A3纸张、手绘工具箱。
要求	1. 采用仿生造型法进行产品造型探索，绘制至少3个造型推演效果图，其中一个作为主方案，进行进一步解说； 2. 线条流畅、有节奏感； 3. 透视和光影关系准确。
创意构思	案例参考

拓展练习

1. 产品造型表现的方法有哪些？
2. 几何造型法的3个要素是什么？
3. 仿生造型法的6个维度分别是什么？
4. 动作造型法有哪些？

任务七　产品人机关系图表现

任务卡

任务名称	产品人机关系图表现	建议学时	4学时
任务说明	人机关系图是表现人与产品之间关系的图示，其中包含了人机工程学的相关知识，主要通过人体手部、头部等部位的动作结合产品功能，展现产品的使用方式或与环境的联系。本任务主要讲解人体手部、头部和产品使用场景图的表现形式与方法，使学生具备通过人机关系图进一步解释说明设计方案的能力。		
任务目标	知识目标	1. 了解人体手部、头部的结构和表现方法； 2. 了解产品使用场景图的呈现形式和表现方法。	
	能力目标	1. 具备表现人体各部位结构的能力； 2. 具备表现人、产品和环境三者之间关系的能力。	
	素质目标	1. 具有精益求精的工匠精神； 2. 尊重劳动、热爱劳动，具有较强的实践能力。	
任务重点	1. 了解人体手部、头部的结构和表现方法； 2. 了解产品使用场景图的呈现形式和表现方法。		
任务难点	掌握人体手部、头部的表现方法，比例和结构须表达准确，能结合产品使用图表现人、产品、环境三者之间的关系。		
任务准备	纸类（复印纸）	笔类（马克笔、水溶性彩铅笔、圆珠笔、高光笔）	尺规类（圆规、云尺、蛇形尺、模板尺、43 cm 三角套尺）
任务评价	评价方式：教师评价 + 学生互评		
	教师评价：教师点评；学生互评：引导学生与学生之间相互点评任务成果。		
	过程考核（60分）		综合测评（40分）
	素质考核（10分）	项目或课内实践考核（50分）	

人机关系图是表现人与产品之间关系的图示，其中包含了人机工程学的相关知识。人机关系图是产品设计方案中的重要组成部分，为产品设计方案增添了可读性、生动性和说明性，是融合了人、机、环境三方面要素的综合说明图。

一、人体表现

人机关系图包含了人与产品两部分内容，所以掌握人体的手部、头部和动态的刻画至关重要。

（一）手部表现

我们通常使用手部的图示来表达手与产品之间的尺寸比例关系，通过手部动作的图示，来解释产品的使用过程，因此，手部动作的绘制频率很高，我们需要重点学习并掌握其绘制方法。

"画人难画手，画树难画柳，画马难画走"，手的姿势变化多样，从不同的角度有不同的透视，这就要求我们要理解手部的结构、手与前臂的关系，并多加练习，这样才能克服绘制手部存在的困难。

手部结构分为腕、掌、指三部分，当手指全部展开后，手指的每一个关节处以及指尖处的连线都是弧形。绘制时，画出腕、掌、指三个部分，其中腕可以概括成长方形、手掌概括为倒梯形、大拇指与手掌连接处概括为三角形，再概括出关节的位置，如图7-1所示，手的雏形基本已经描绘出来。

绘制时要调整手各部分的比例，手掌部分（A）的长度跟手指部分（B）的长度比约为1:1。五个手指长短不一，伸开和弯曲时排列呈现一个中间高两边低的弧线，详细如图7-2所示。

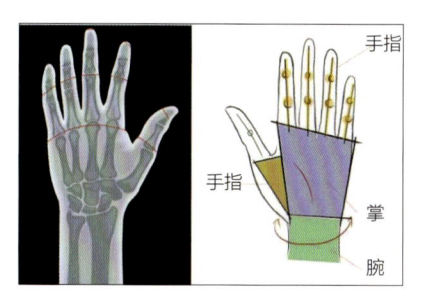

图 7-1 手部结构

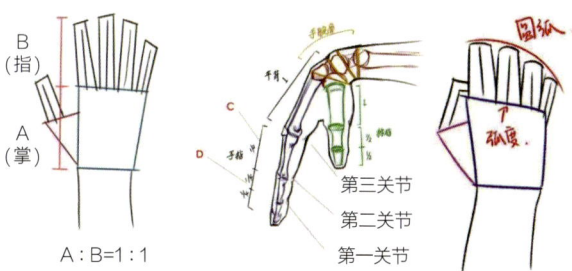

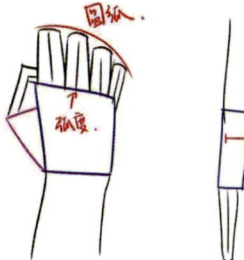

图 7-2 手部结构与比例

手部绘制步骤（图7-3）：
（1）先画一个上宽下窄，左高右低的不规则梯形作手掌，并延伸出手腕。
（2）增加三角形作大拇指根部。
（3）将中指为参考，画出五根手指的中线，注意表达出指关节的弧度与节点。
（4）添加外部轮廓。

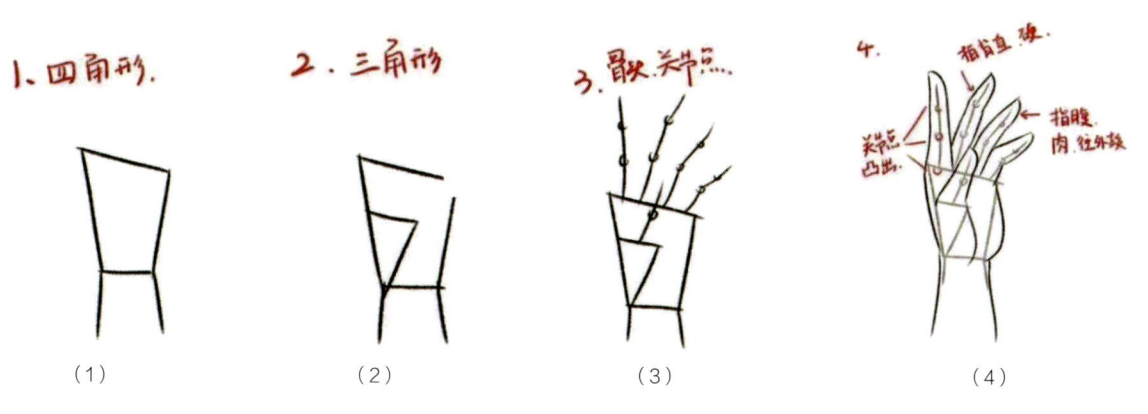

（1）　　　　（2）　　　　（3）　　　　（4）

图 7-3 手部的绘制步骤

进行手指的轮廓绘制时，绘制完成的手指有可能会存在手指无力、体积感弱以及透视不准确等问题。我们要解决这些问题，可以把手指理解成不同的体块，手骨为圆柱体、骨关节为球体，绘制时注意其比例关系，再顺着体块边缘描绘手指的外轮廓，如图 7-5 所示。

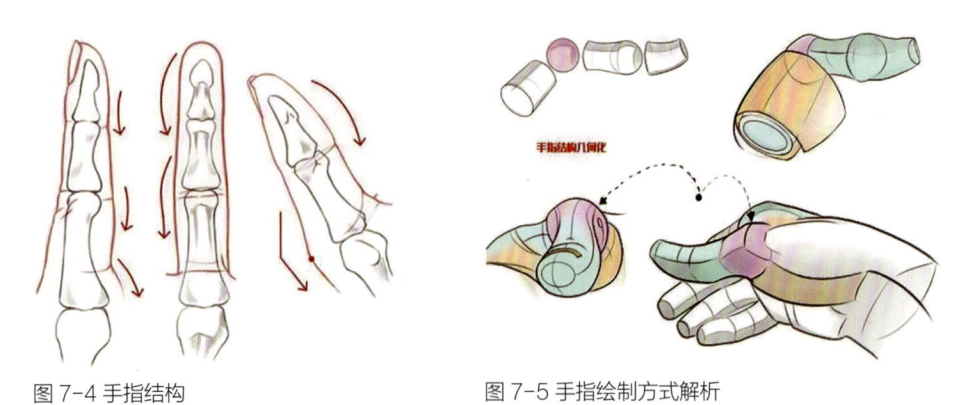

图 7-4 手指结构　　　　　图 7-5 手指绘制方式解析

不同手势案例展示（图 7-6 至图 7-8）。

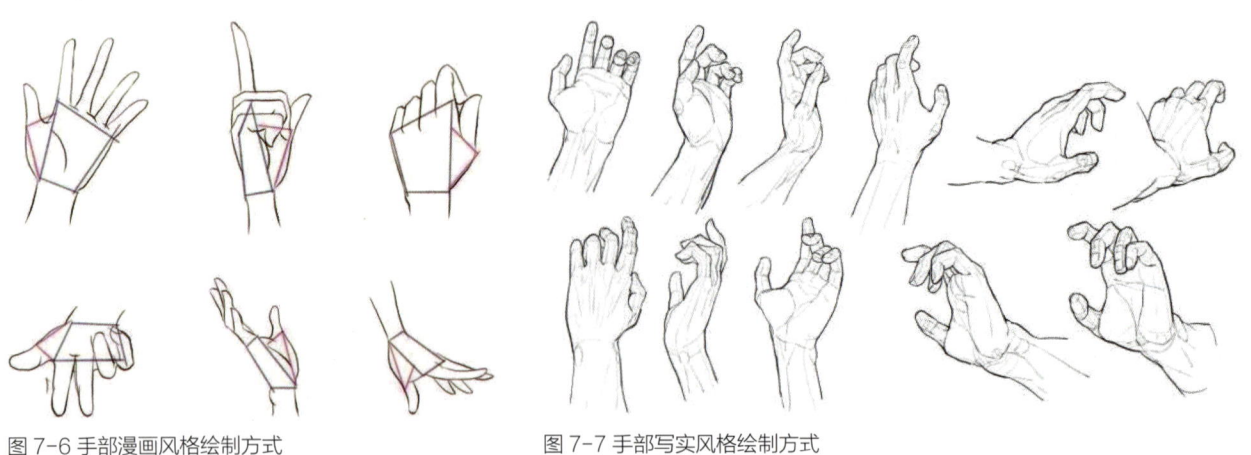

图 7-6 手部漫画风格绘制方式　　　　图 7-7 手部写实风格绘制方式

图 7-8 手部写实风格绘制方式

（二）头部表现

头部的刻画常用于辅助可穿戴设备的呈现，如头盔、眼镜和耳机等产品，头部的刻画不需要太细致，能够表达可穿戴设备的比例和操作方式即可。在绘制时，头部的形体结构规律主要表现在头部结构和五官比例两个方面。（图7-9）

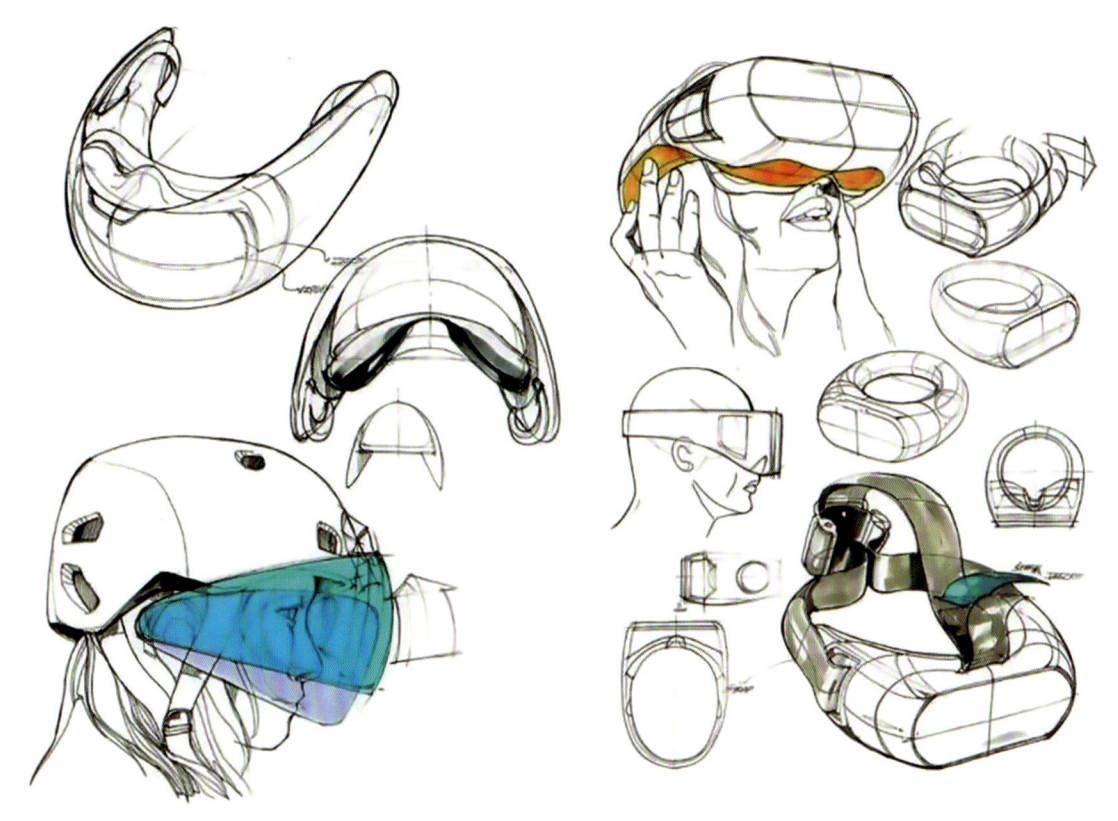

图7-9 头部表现在产品表现图中的运用

一般来讲，成人的头部形体结构可以分成两块，一块是脑颅，另一块是面颅。从正视图看，脑颅我们可以看作是一个球体，面颅则由颧骨区的扁平体块和下颌部区的三角形体块组成，约占头部体积的三分之二，如图7-10、图7-11所示。

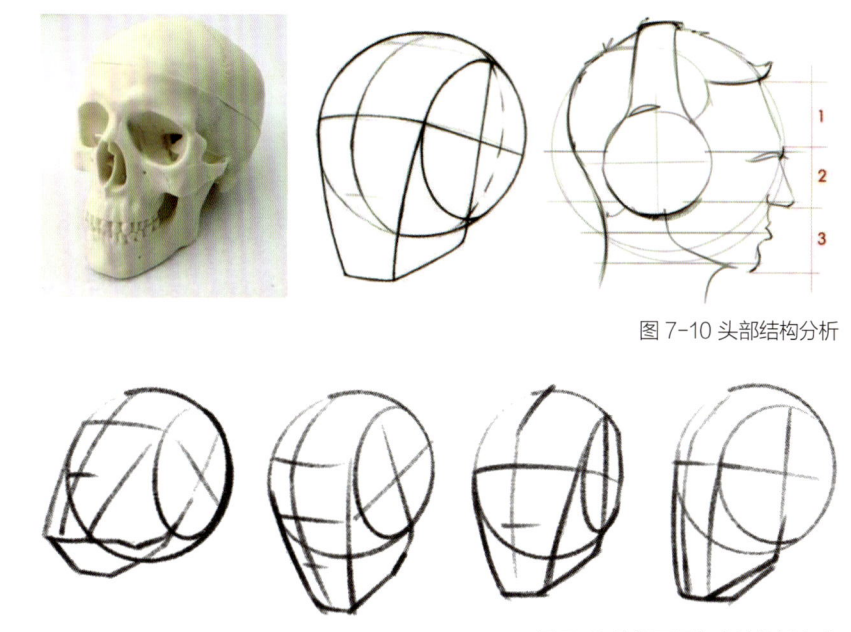

图7-10 头部结构分析

图7-11 头部不同角度的概括方式

头部正面的基本比例是我们所熟悉的"三庭五眼"。"三庭"指头部的长度,即发际线至眉间、眉间至鼻尖、鼻尖至下巴的长度,且三段的长度基本相等;"五眼"指头部正面的宽度,从正面看脸部最宽的地方为五个眼睛的宽度,两眼间距离为一眼宽,两眼外眼角至两耳分别为一眼宽。"三庭五眼"是从头部正面平视的状态,但随头部运动状态的变化,透视也随之变化,一般有仰视、平视、俯视以及侧视四种状态,当头部的透视发生变化时,要注意头部结构和五官比例的变化。(图 7-12、图 7-13)

五官的位置关系主要指眉、眼、鼻、嘴、耳的位置关系。在产品表现技法中,头部五官可根据需求选择绘制,不强求五官面面俱到,重点在于突出产品的功能,表达出人机关系的状态即可。(图 7-14)

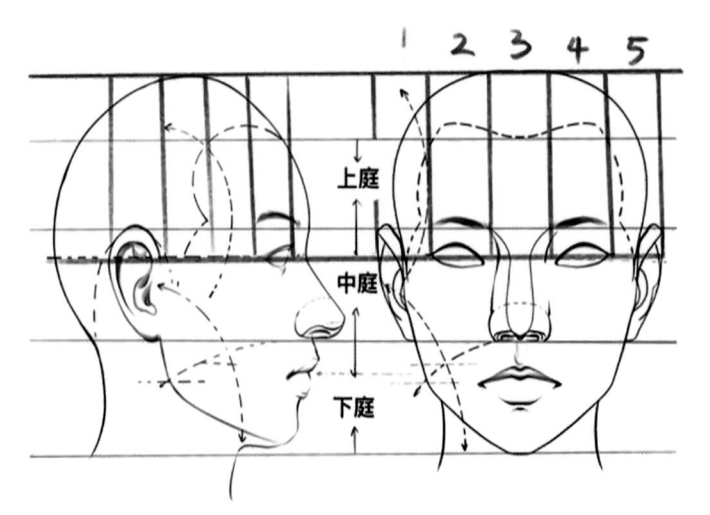

图 7-12 头部"三庭五眼"的比例

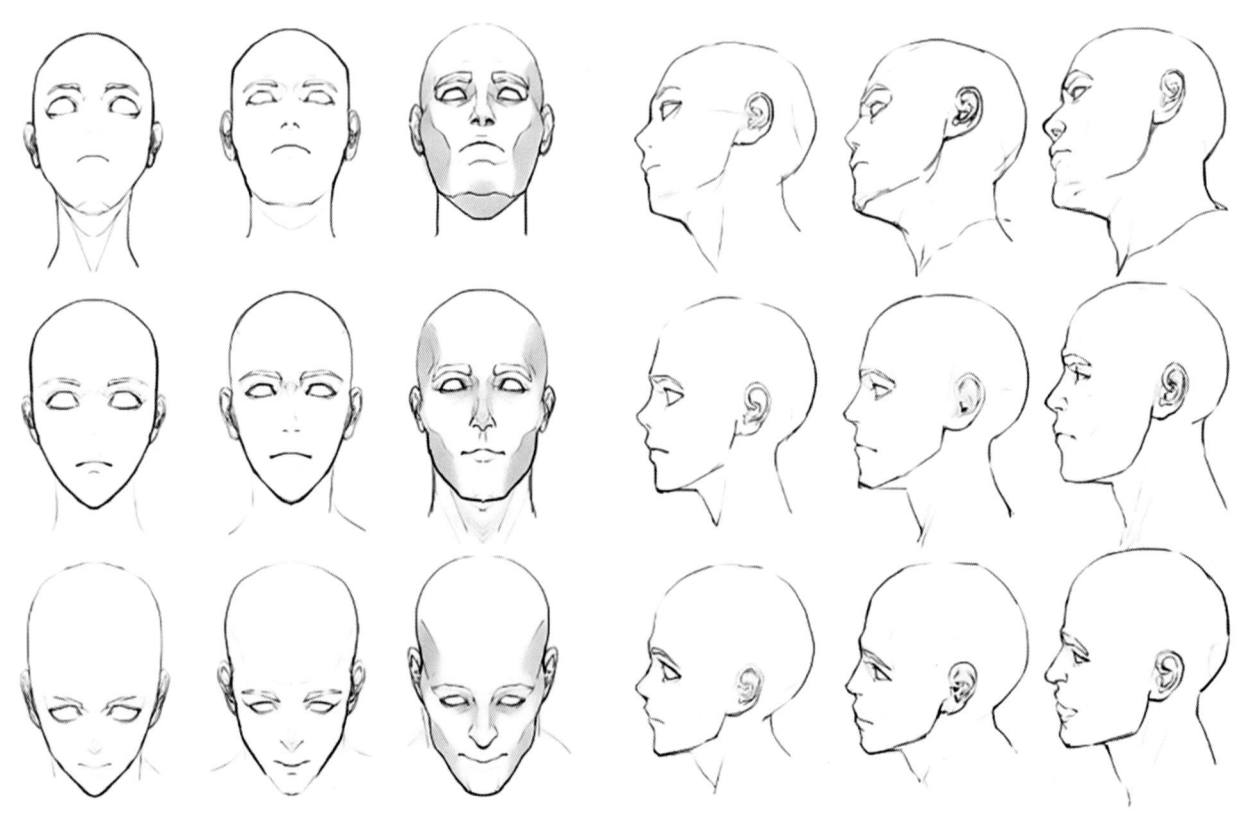

图 7-13 头部的绘制方式

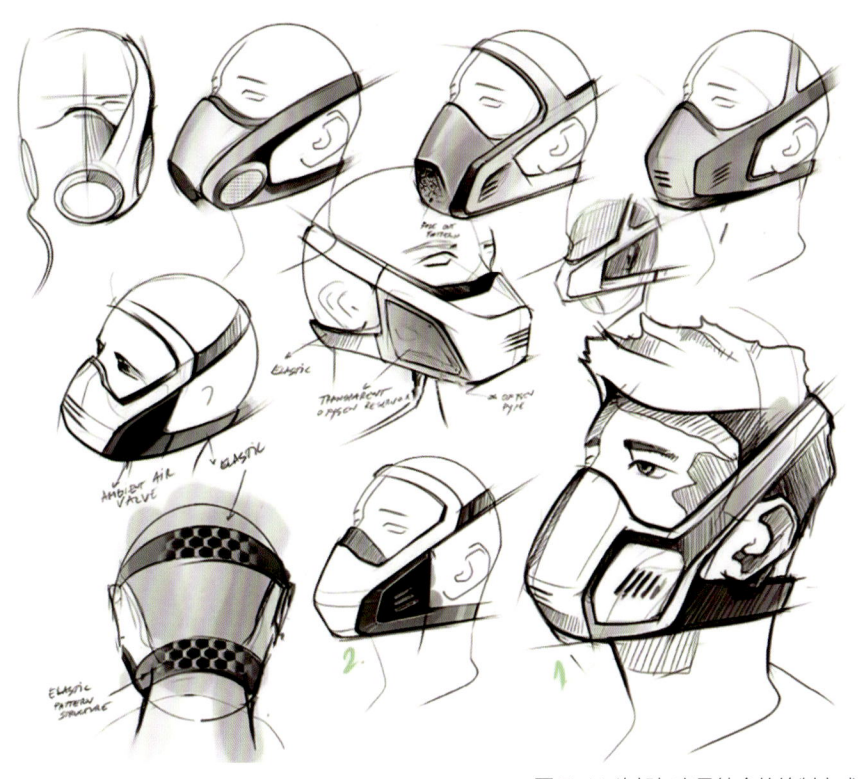

图 7-14 头部与产品结合的绘制方式

二、产品使用场景图

人机关系图是融合了人与机相互关系的综合图例,人机关系图与环境的结合就构成了使用场景图,恰当的产品使用场景图能清晰地表达设计者的设计意图,增强人与产品的互动交流性,为设计方案增色,具有极高的展示价值(图 7-15、图 7-16)。产品使用场景图绘制技巧着重把握以下三点:

1. 表达清楚该产品的使用环境,如"在什么情况下使用""在哪里使用"等;
2. 交代好产品尺寸和使用者之间的比例关系;
3. 呈现产品的大致使用流程。

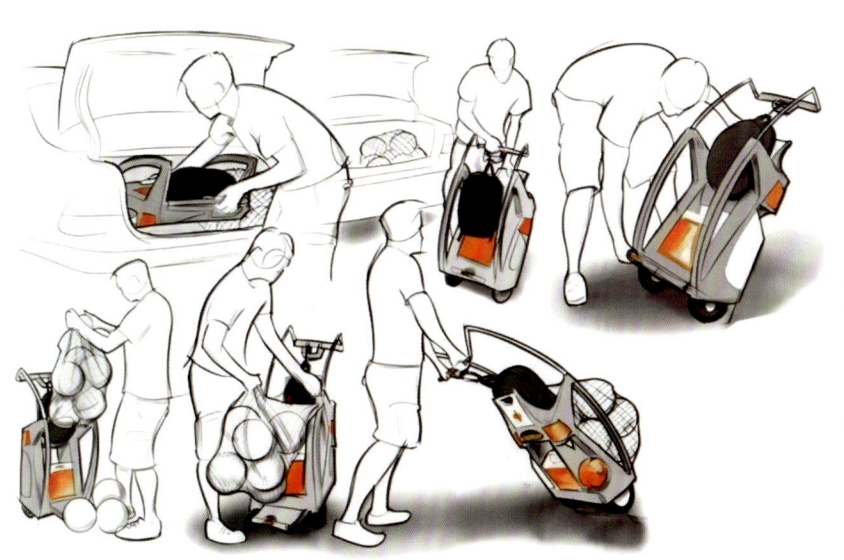

图 7-15 产品使用场景图　　　　图 7-16 产品使用场景图

任务实施单

任务	设计一款运动水杯，绘制出产品的使用场景图。
时间	1.5 小时
材料和设备	A3 纸张、手绘工具箱。
要求	1. 线条流畅，结构清晰； 2. 产品透视准确、光影关系明确； 3. 产品的人机关系表达准确。
创意构思	案例参考

拓展练习

1. 人机关系图是融合了哪几个方面关系的图例？
2. 说一说手部的绘画步骤。
3. 说一说头部的绘画步骤。
4. 说一说产品场景使用图的绘画步骤。

模块四

产品 CMF 技法表现

任务八　产品色彩表现（马克笔）

任务九　产品材质表现

CHANPIN BIAOXIAN JIFA　产品表现技法

任务八　产品色彩表现（马克笔）

任务卡

任务名称	产品色彩表现（马克笔）	建议学时	6学时
任务说明	色彩表现是产品表现技法中的一大表现体系，表现产品色彩的工具和方式有很多，本任务主要讲解马克笔在产品色彩表现中的运用，从马克笔的结构、运笔的方式、光影以及色彩表达上进行了详细的解说和大量表现案例展示，辅助学生掌握产品色彩的表现。		
任务目标	知识目标	1. 了解产品CMF设计； 2. 了解产品色彩表现的形式和方法； 3. 了解马克笔的结构、运笔方式、光影表达以及色彩的表现方法。	
	能力目标	1. 具备产品CMF设计的基础能力； 2. 具备用马克笔表现产品色彩的能力。	
	素质目标	1. 具有精益求精的工匠精神； 2. 尊重劳动、热爱劳动，具有较强的实践能力。	
任务重点	了解产品CMF设计，掌握用马克笔表现产品色彩的方法和形式。		
任务难点	掌握用马克笔表现产品色彩的方法和形式，并灵活运用在设计生活中。		
任务准备	纸类（复印纸）	笔类（水溶性彩铅笔、马克笔、圆珠笔、高光笔）	尺规类（圆规、云尺、蛇形尺、模板尺、43 cm三角套尺）
任务评价	评价方式：教师评价		
	过程考核（60分）		综合测评（40分）
	素质考核（10分）	项目或课内实践考核（50分）	

一、产品 CMF 设计

产品设计中的 CMF(Color，Material，Finishing) 是有关产品设计的颜色、材料与工艺。

"C"是指色彩，是人类视觉对产品的第一直观感受。同样的造型采用不同的色彩，最终呈现的外观效果会有很大差别，带给消费者的感觉也会有不同，但没有材料与工艺的支持，色彩就没有施展其魅力的载体和平台。（图8-1 至 8-3）

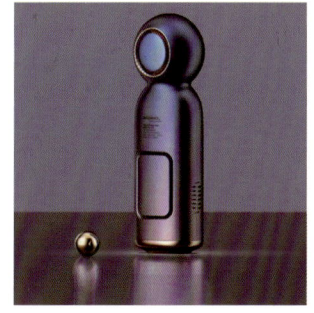

图 8-1 产品色彩搭配——激光电子脱毛仪

图 8-2 产品色彩搭配——行车记录仪

图 8-3 产品色彩搭配——智能行李箱

"M"是指材料，是产品外观效果实现的物质基础和载体。材料是决定产品工艺、色彩和性能的先决条件。（图 8-4）

图 8-4 产品材质搭配

"F"是指加工工艺，是产品成型及外观效果实现的重要手段。工艺包括成型工艺和表面处理工艺两大类别。材料离开工艺不成型，没有型亦不成器，产品亦不成立。所以加工工艺与材料之间相辅相成的关系是产品构建的基础，无论是产品的结构还是产品的外观都是材料与工艺色彩互助作用的结果。工艺决定了可适用的材料与可实现的色彩。（图 8-5、图 8-6）

图 8-5 联想专业版智能麦克风

图 8-6 菜鸟小 G 机器人设计

产品CMF水平决定产品品质的高低，是产品生产设计中最重要的环节之一。这就要求产品设计师掌握产品外观的色彩、材质的搭配，并对材料与工艺进行验证。设计师一般从产品手绘效果图、产品渲染图、产品模型制作和产品生产等环节逐步完成产品CMF设计。

在产品效果图展示中，设计师需要清晰地描绘产品的颜色与表面材质，这能使产品的设计方案更加丰富、更加真实，有助于客户对方案的选择。（图8-7、图8-8）

图8-7 头盔产品效果图　作者：码头设计

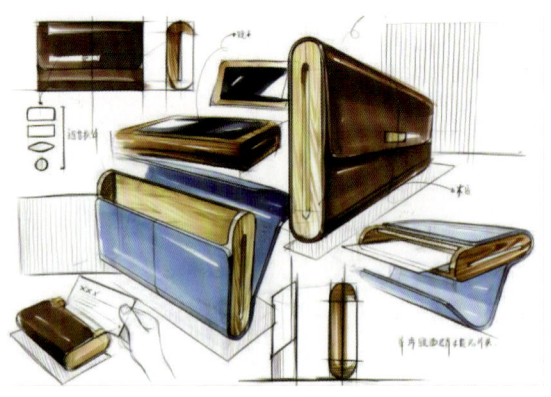

图8-8 名片夹产品效果图　作者：码头设计

二、马克笔

在产品效果图表现阶段，用来表现产品色彩的工具、材料较多，例如马克笔、色粉、水彩颜料和色卡纸、硫酸纸等，也有平板电脑、手绘板和电脑等电子工具。其中马克笔色彩丰富，表达干净清晰，使用方便，绘制时表达效果具有较强的时代感和艺术表现力，是产品效果图表现的首选工具。（图8-9至图8-12）

图8-9 马克笔表现产品效果图

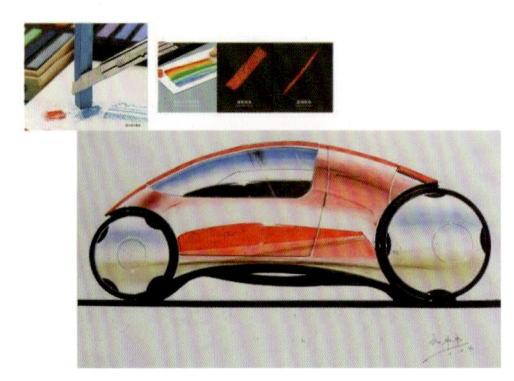

图8-10 色粉表现产品效果图

图8-11 色卡纸表现产品效果图

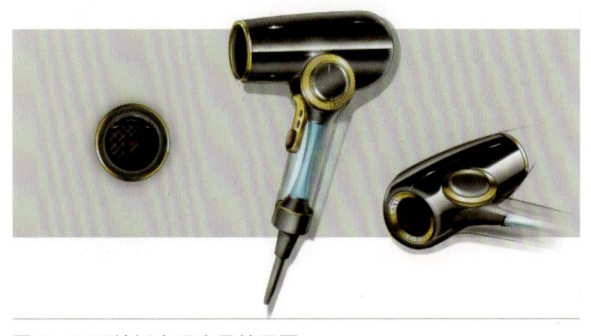

图8-12 手绘板表现产品效果图

（一）马克笔的结构

通过图例，了解马克笔的大体结构。图8-13中虚线部分代表马克笔的内部结构，马克笔的笔头通常有两个，一个是宽头笔尖（A），一个是尖头笔尖（B），对应着两种不同的笔触效果，A头用于大面积铺色，B头用于刻画细节。图8-14详细展示了笔头使用效果，即笔触效果。

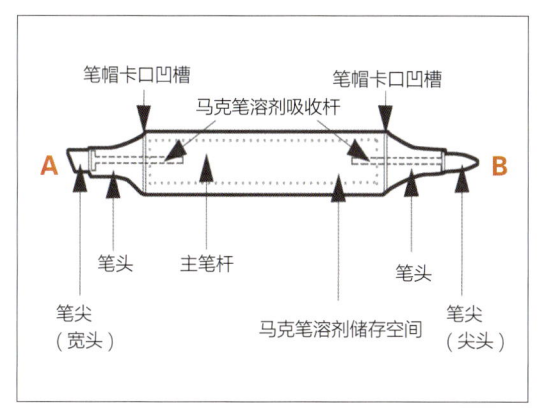

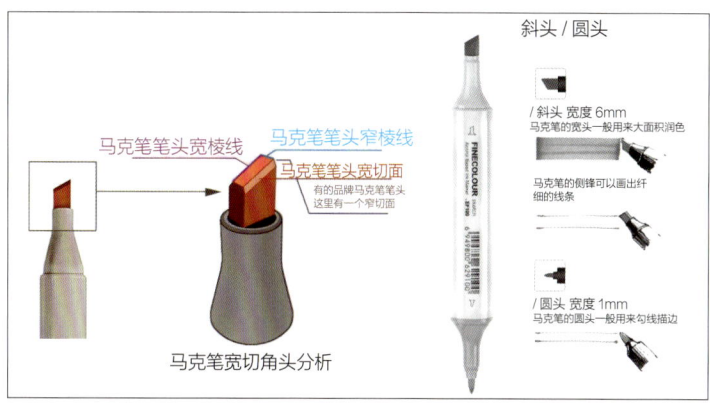

图8-13 马克笔的结构

图8-14 马克笔的笔触效果

（二）马克笔的运笔方式

因颜色、运笔方式、运笔速度和叠加方式的不同，马克笔对产品色彩的表现效果可产生不同变化。运笔的方式如下：

1. 单行运笔

讲究快、直、稳，马克笔的横向与竖向排列线条，使画面块面完整，整体感强烈。（图8-15）

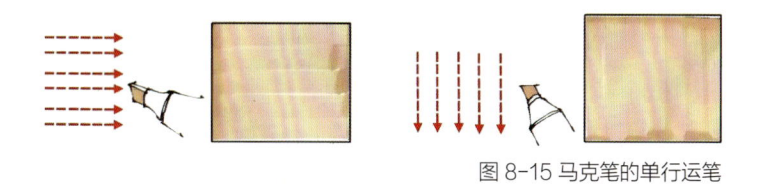

图8-15 马克笔的单行运笔

马克笔的横向与竖向排线，做渐变可以产生虚实变化，使画面透气生动。（图8-16）

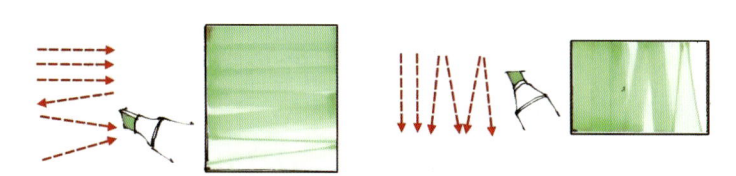

图8-16 马克笔的渐变运笔

2. 叠加运笔（干画法）

叠加运笔讲究由浅到深排线，通过不同深浅色调的笔触叠加产生丰富的层次变化。通过不同方向与深浅色调的叠加，尤其是两种颜色的叠加，我们会发现颜色色阶越接近的叠加过渡越自然。暗部叠加过渡时，往往运用色阶较小的两种或三种颜色叠加，能表现出和谐的画面效果。（图8-17）

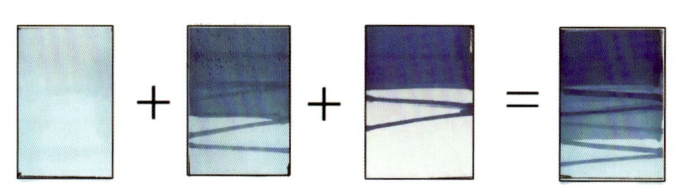

图8-17 叠加运笔（干画法）

3. 叠加运笔（湿画法）

湿画法可平行运笔也可斜推运笔，与干画法的目的一样，都是通过不同深浅色调叠加，形成色彩渐变的效果，但与干画法的区别在于湿画法的笔触过渡更自然，无明显笔触痕迹。（图 8-18）

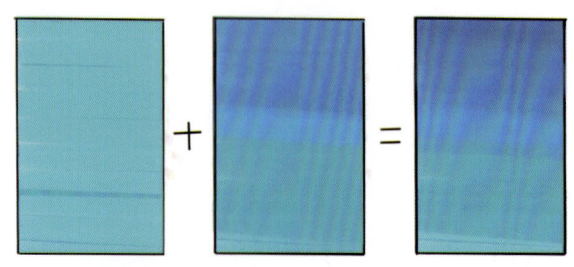

图 8-18 叠加运笔（湿画法）

4. 斜推运笔

斜推是透视图中不可避免要使用的笔触，两条线的交点用棱角斜推的笔触，能使画面整齐不出现锯齿。（图 8-19）

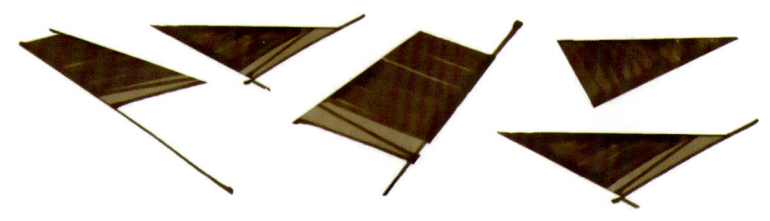

图 8-19 斜推运笔

（三）马克笔的光影表达

光影的存在，能让我们直观地感受到物体的体积、物体与环境的氛围关系。在产品表现图中想要呈现光影下的产品，首先要虚拟一个光源的位置，明确产品的受光面（亮）、侧光面、背光面（暗）、明暗交接线、反光和阴影。

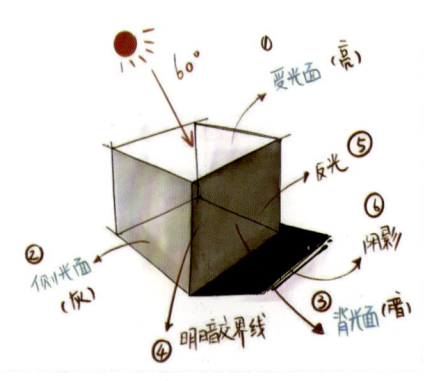

图 8-20 光影下的产品

根据产品形态结构的转折，将产品身上的光影归纳成产品的受光面（亮）、侧光面（灰）、背光面（暗）三大部分。由于产品接受光照的角度不同，产品各块面会呈现出深浅不同的层次。例如，面与面转折部分距离光源较远，颜色较深，这部分是我们常说的明暗交界线，如图 8-20 中的④所示。有意识地绘制产品的反光，可以展示出产品的材质以及产品与环境的关系，如图 8-20 中的⑤所示。可通过绘制产品的阴影，来增强画面的空间感，如图 8-20 中的⑥所示。

下面是用马克笔对立方体进行上色的完整步骤（图 8-21）：

（1）绘制立方体轮廓，选择马克笔颜色。
（2）如图选择颜色绘制亮面。
（3）选择深一些的颜色绘制灰面。
（4）绘制暗面，增强明暗交界线处颜色的深度。
（5）用黑色绘制投影，画出由深到浅的过渡。

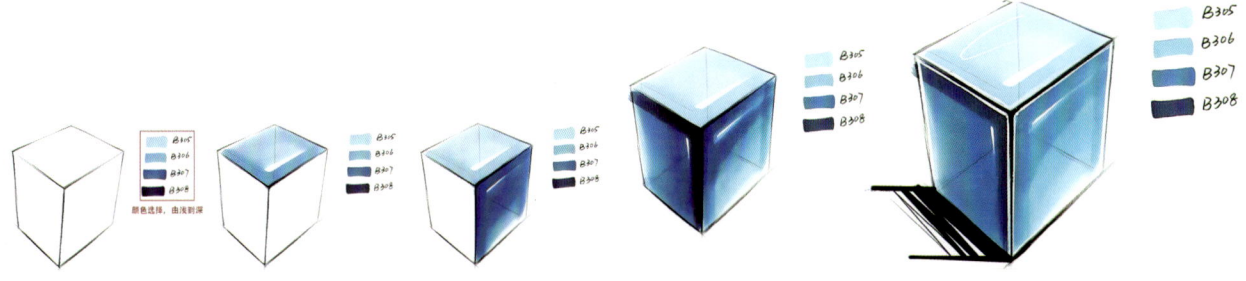

图 8-21 光影关系下的立方体绘制步骤 作者：码头设计

由于光源角度和产品形态的不同，使用马克笔表现产品形态时运笔方式会有所不同，马克笔的运笔方式应该随着产品的形态变化而变化，下面通过图示来了解对不同形态的产品用马克笔上色的步骤与运笔方法。（图 8-22 至图 8-25）

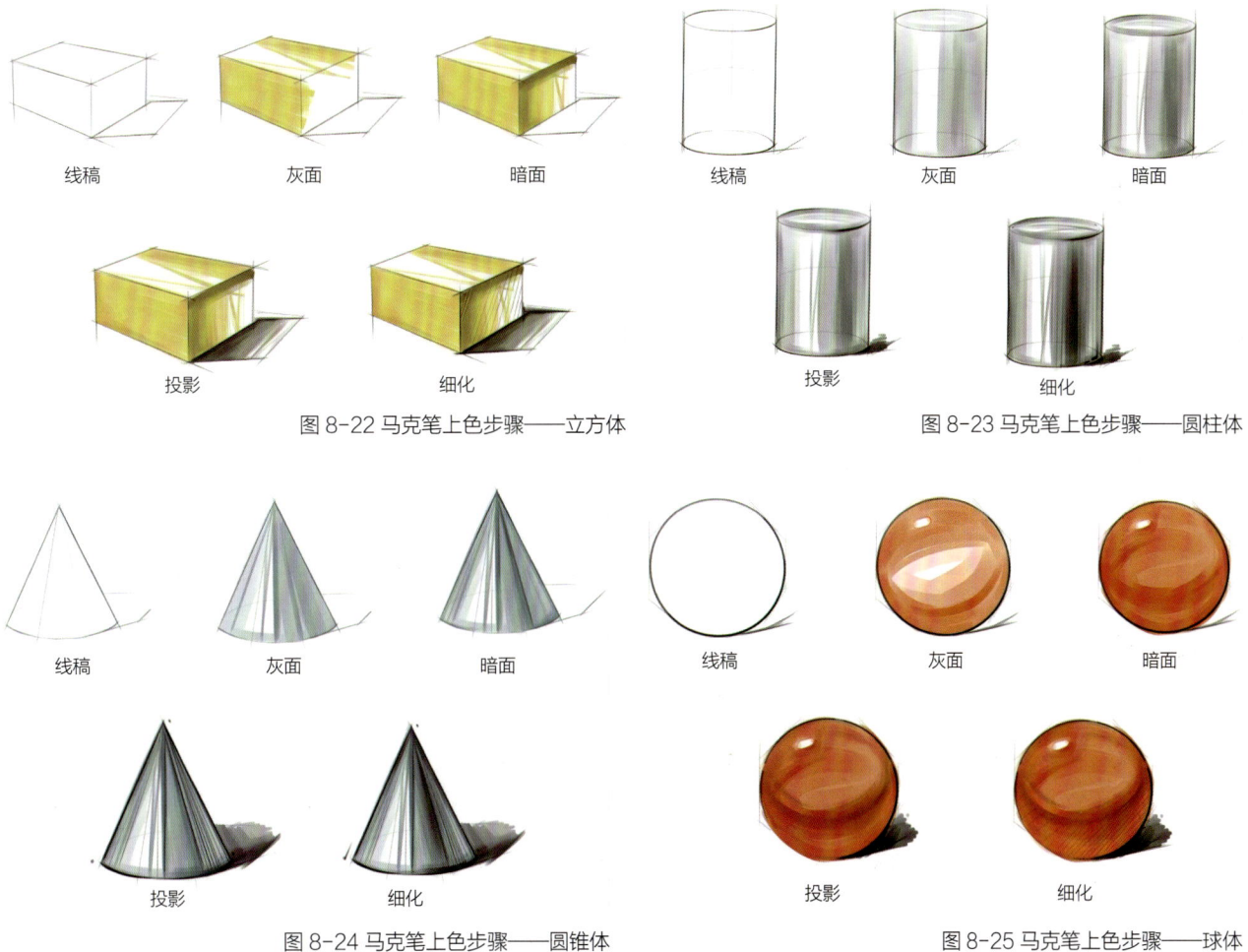

线稿　　灰面　　暗面　　　　　　线稿　　灰面　　暗面

投影　　细化　　　　　　　　　　投影　　细化

图 8-22 马克笔上色步骤——立方体　　　图 8-23 马克笔上色步骤——圆柱体

线稿　　灰面　　暗面　　　　　　线稿　　灰面　　暗面

投影　　细化　　　　　　　　　　投影　　细化

图 8-24 马克笔上色步骤——圆锥体　　　图 8-25 马克笔上色步骤——球体

(四)马克笔的色彩表达

1. 色彩基础

色彩对产品性格、属性的表现有重要意义。合理的色彩搭配可以拉近产品与人之间的距离,增强产品的情感属性,引导消费者的消费行为,使产品设计达到事半功倍的效果。了解色彩基础知识,掌握一定的色彩搭配原则,并灵活运用在日常实践操作中是产品设计师的必备技能。

色彩是能引起我们共同的审美愉悦与最为敏感的形式要素,也是产品设计最有表现力的要素之一。色彩可以分成两个大类,即无彩色系和有彩色系。受色彩三大属性——色相、纯度(也称彩度、饱和度)、明度的影响,色彩组合的种类千千万万,不计其数。(图8-26)

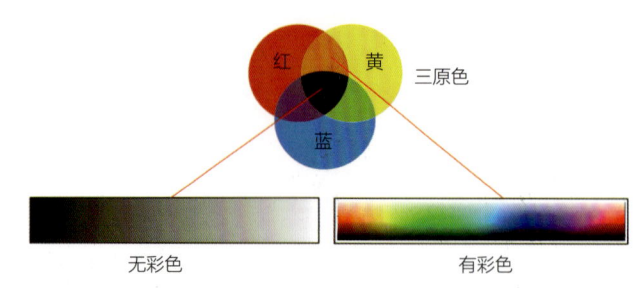

图8-26 色彩的两大色系

无彩色系是指白色、黑色和由白色、黑色调和形成的各种不同深浅的灰色。无彩色系的颜色只有一种基本性质——明度。色彩的明度可用黑白度来表示,愈接近白色,明度愈高;愈接近黑色,明度愈低。

有彩色系具有三个基本特性:色相、纯度、明度。以红、黄、蓝作为"三原色",通过三原色的混合和调配,则可以产生其他新的颜色。由三原色两两调配成的颜色,称为间色,它们分别是橙(红+黄)、绿(黄+蓝)、紫(蓝+红);由原色与间色相调或用间色与间色相调而成的"三次色"称之为复色。(图8-27)

三原色、三间色以及六复色可组成十二色环,十二色环是了解色彩、学习色彩的基础。(图8-28)

图8-27 原色、间色和复色

图8-28 十二色环

了解色彩,研究色彩,就绕不开色彩体系。色彩体系分别有德国奥斯特瓦尔德体系、瑞典NCS体系、美国孟塞尔体系(图8-29)以及日本PCCS体系。其中,孟塞尔体系被广泛地应用到色彩研究、艺术设计、产品设计以及质量控制等领域。

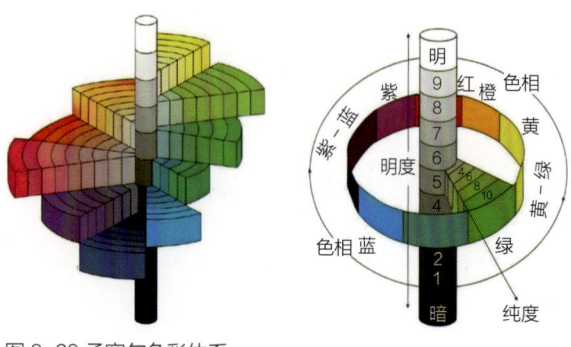

图8-29 孟塞尔色彩体系

2. 色彩搭配原则

色彩搭配是对不同色彩进行组合搭配，从而取得更好的视觉效果。

①色彩搭配的基本方式（图 8-30 至图 8-35）

图 8-30 单色搭配产品案例展示

图 8-31 近似色搭配产品案例展示

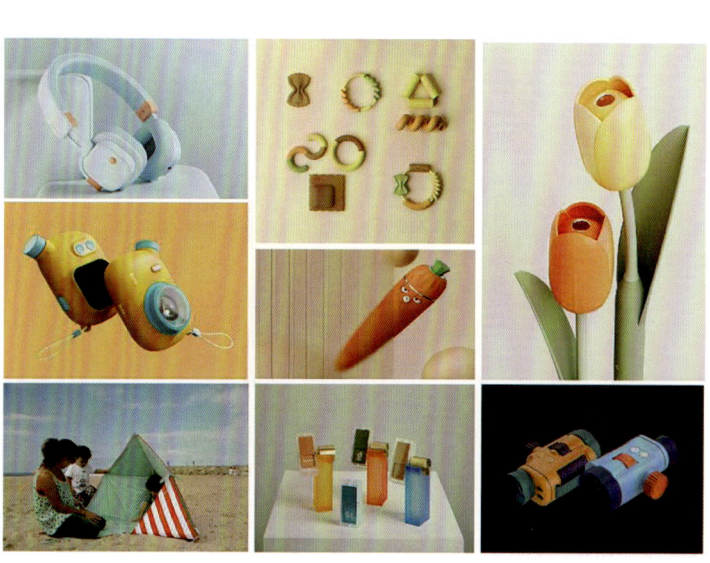

图 8-32 补色搭配产品案例展示

图 8-33 分裂补色搭配产品案例展示

图 8-34 原色搭配产品案例展示

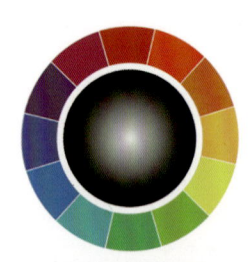

图 8-35 有色与无色搭配产品案例展示

② 色彩的黄金法则 60：30：10

色彩的黄金法则是指主要色彩占 60% 的比例，次要色彩占 30% 的比例，以及辅助色彩占 10% 的比例。

设计师在对产品色彩进行具体分析考虑的时候，首先要确定一个主色调，即以一种色彩为主，其他色彩为次，这有利于产品色调的统一和谐；其次是选择一个辅色，譬如说选择一些明度较高的色彩（黄色、橙色、绿色、红色等），小范围内应用补色或多个色彩组合等，比较容易让用户产生耳目一新的视觉感观。不论是采用何种方式，原则上力求单纯醒目，强调整体感为主。（图 8-36、图 8-37）

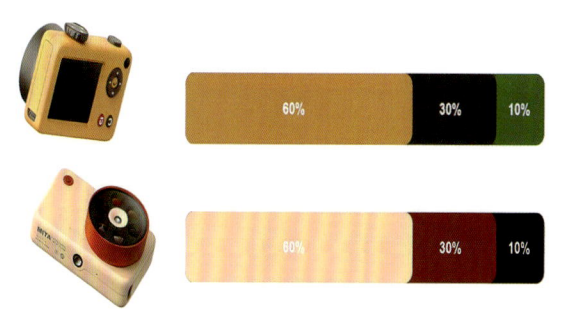

图 8-36 色彩黄金法则　　　　　　　　　　图 8-37 产品色彩搭配案例展示

设计师运用色彩的目的除了美化产品以外，更重要的是强化产品的功能和结构，所以，辅助色可用于一些非常重要的附件，譬如说易发生误操作处、把手处、控制处、电源处、观察处、分割线等，可以起到一个良好的强化作用。

③ 色彩的综合考虑

产品设计不同于一般的艺术品，不能仅仅要求有丰富的色彩和光鲜的效果，在选择用色时还应同时考虑多个方面的要求。一般来说，在产品设计中的色彩运用方面应考虑以下两个问题：一是产品与使用者的色彩协调，二是产品与使用环境的色彩协调。另外，要想用色彩吸引消费者，就必须准确把握色彩的流行趋势，产品外观的色彩设计要与产品定位相一致。

图 8-38 色彩展示图

3. 马克笔的上色技法

马克笔作为产品表现图的重要工具，使用者不仅要掌握其运笔的技巧，还要掌握对色彩的搭配和运用。马克笔色彩丰富，干净清晰，使用方便，其笔触运行快捷且具有概括性，表达效果具有较强的时代感和艺术表现力。（图 8-39、图 8-40）

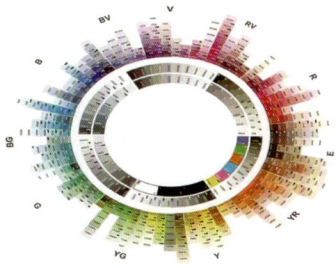

图 8-39 马克笔的色彩　　　　　　　　　　图 8-40 马克笔 60 色推荐

4. 马克笔的综合表现（图 8-41 至图 8-43）

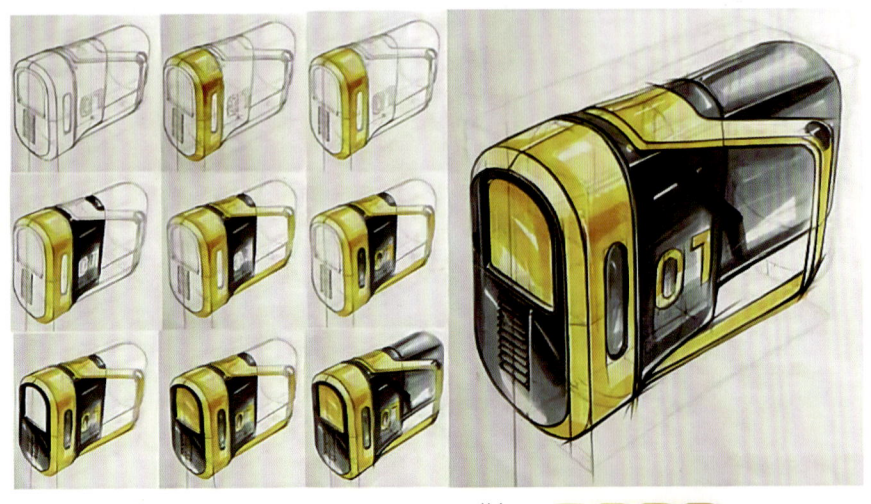

图 8-41 马克笔绘制手持小夜灯步骤 作者：码头设计

图 8-42 马克笔绘制收音机步骤（1） 作者：码头设计

图 8-43 马克笔绘制收音机步骤（2） 作者：码头设计

任务实施单

任务	设计一款办公椅，并绘制出办公椅的色彩搭配效果图。
时间	1.5 小时
材料和设备	A3 纸张、手绘工具箱。
要求	1. 造型合理，透视准确； 2. 色彩搭配合理，材质表现准确。
创意构思	案例参考

拓展练习

1. 什么是产品 CMF 设计？
2. 马克笔的运笔方式有哪些？
3. 马克笔的色彩搭配原则有哪些？

任务九　产品材质表现

任务卡

任务名称	产品材质表现		建议学时	6 学时
任务说明	产品中的材质大体可分为木材质、透明材质、金属材质、皮革材质以及其他材质，本任务主要讲解木材质、透明材质以及金属材质的表现方法，使学生具备产品材质、肌理的表现能力。			
任务目标	知识目标	1. 了解木材质产品色彩和纹理的表现； 2. 了解透明材质产品的色彩表现； 3. 了解金属材质产品的色彩表现。		
	能力目标	1. 具备分析产品材质的能力； 2. 具备产品材质表现的能力。		
	素质目标	1. 具有精益求精的工匠精神； 2. 尊重劳动、热爱劳动，具有较强的实践能力。		
任务重点	了解各类产品材质在色彩表现上的重点和方法，掌握产品材质表现的能力。			
任务难点	了解各类产品材质在色彩表现上的重点和方法，掌握产品材质表现的能力，并灵活运用在设计生活中。			
任务准备	纸类（复印纸）	笔类		尺规类
		水溶性彩铅笔 马克笔 圆珠笔 高光笔		圆规　云尺 蛇形尺　模板尺 43 cm 三角套尺
任务评价	评价方式：教师评价 + 学生互评			
	教师评价：教师点评；学生互评：引导学生与学生之间相互点评任务成果。			
	过程考核（60分）			综合测评（40分）
	素质考核（10分）	项目或课内实践考核（50分）		

一、木材质

木质作为易获得、易加工的自然材料被广泛运用在产品设计中，一般用于原生态、绿色、环保、自然、古朴或有一定文化气息的产品。

从古至今，"木"都是人们生活中不可或缺的材料，有着举足轻重的地位。《春秋繁露》记载："木者，春生之性"。其认为"木"是生命之源，始发于春，内敛含蓄。中国人不仅用木、爱木，还赋予了木制品深厚的文化意味。家具门窗、亭台庙宇，由木匠鼻祖鲁班至营造宫廷建筑的"样式雷"家族所创造的惊世名作无不体现出其大美藏于神，大器彰于形的独特气质。我国匠人对木材的打磨加工和精雕细刻，记录了数千年的中华文化与历史，一件件巧夺天工的木制品、木家具以及或雄伟或精致的木建筑，都承载着中国人的智慧和中华数千年的文化底蕴。（图9-1至图9-5）

图 9-1 故宫群建筑

图 9-2 宫殿斗拱

图 9-3 重庆黔江濯水风雨廊桥

图 9-4 明式圈椅

图 9-5 漆艺首饰盒

木材质的颜色、纹理、质地均富有天然的美感与质感，体现低调奢华的时尚气息。在产品表现技法中，颜色与纹理是表现木材质的两大特征。木材虽因树种的不同，颜色有所区别，但大都为黄色系、棕色系。（图9-6、图9-7）

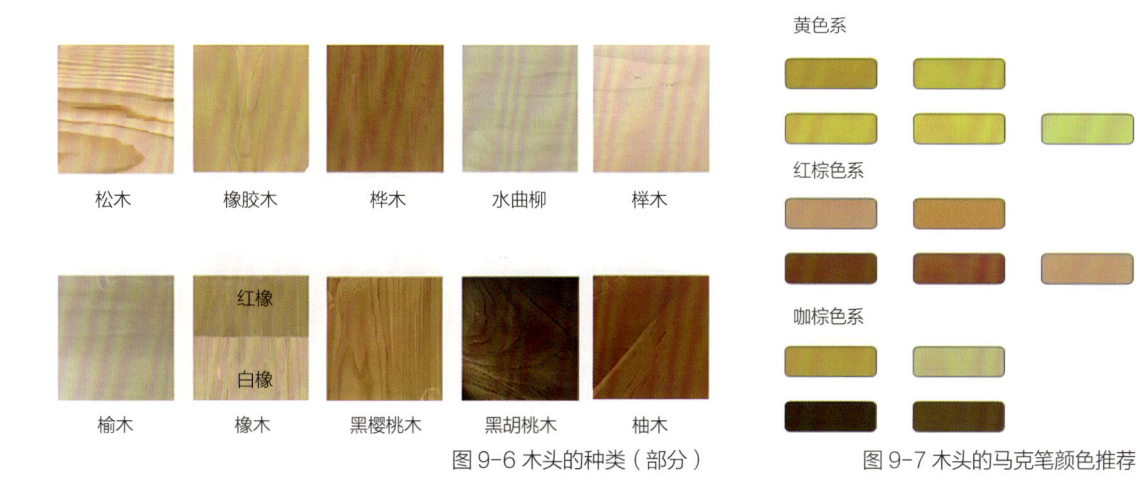

松木　　橡胶木　　桦木　　水曲柳　　榉木

榆木　　橡木（红橡/白橡）　　黑樱桃木　　黑胡桃木　　柚木

图 9-6 木头的种类（部分）

黄色系

红棕色系

咖棕色系

图 9-7 木头的马克笔颜色推荐

首先选择好木头的颜色，找到对应的马克笔色号，再把体形明暗关系区分开来，然后用深色彩铅或马克笔尖头把木纹绘制出来，注意面与面之间纹理的衔接和区别。

木材质的绘制步骤（图9-8）：

（1）绘制线稿；

（2）表达出明暗关系，体现黑白灰三大面；

（3）细化黑白灰三大面，绘制投影；

（4）绘制木纹，注意面与面之间纹理的连接；

（5）加深纹理，提亮高光。

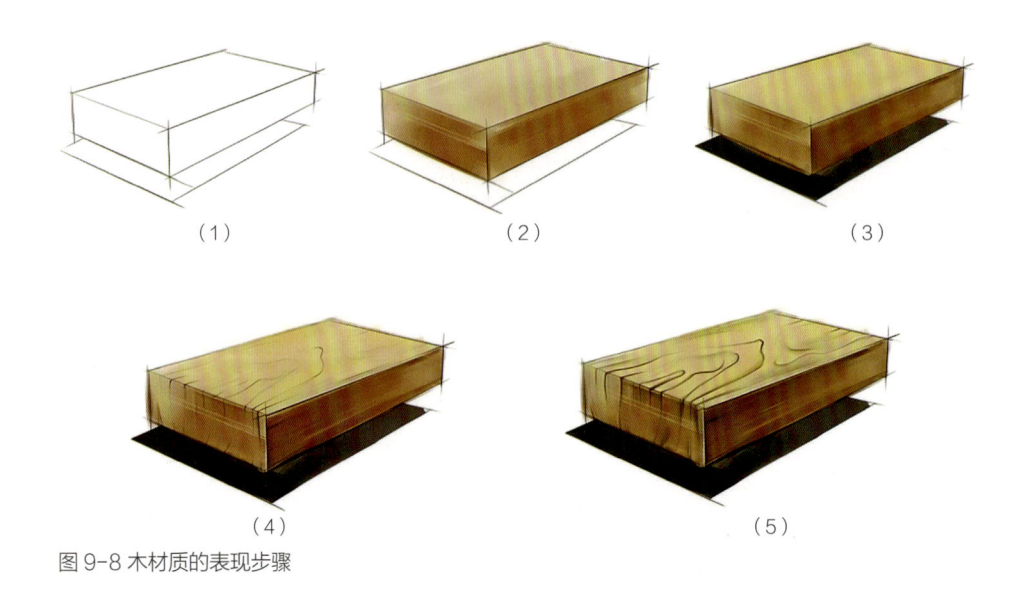

图9-8 木材质的表现步骤

木材质的综合表现如图9-9。

图9-9 木材质的综合表现

二、透明材质

玻璃、透明塑料、半透明塑料以及静态液体等，均归为透明材质一类。透明材质的使用可以给看似沉重、压抑的产品以点缀，装点出轻盈灵动的效果，营造视觉的静态美，起到烘托氛围的作用。（图9-10、图9-11）

透明是指物体的透明性和通光性，是指能透过物体本身，观看到其"后面"的物体。具有透明效果的材质有很多种，如玻璃、透明塑料、冰块等。在产品表现技法中，表现透明材质的主要方法是靠衬托，用高光、背景去衬托，最后再在边缘部分加上黑或白的边缘，绘制出透明体对光线的折射。（图9-12至图9-14）

图 9-10 透明材质在产品设计中的运用（1）

图 9-11 透明材质在产品设计中的运用（2）

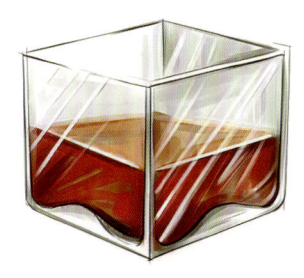

图 9-12 玻璃材质的透明效果 　　图 9-13 冰块的透明效果 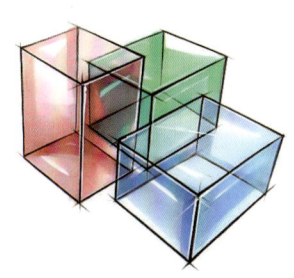　　图 9-14 塑料的透明效果

透明材质的绘制步骤（图 9-15）：

（1）绘制线稿；

（2）用浅色绘制明暗关系；

（3）加深物体边缘；

（4）进一步加深物体边缘，绘制阴影；

（5）用高光提亮物体边缘，表现产品的壁厚，体现出反光。

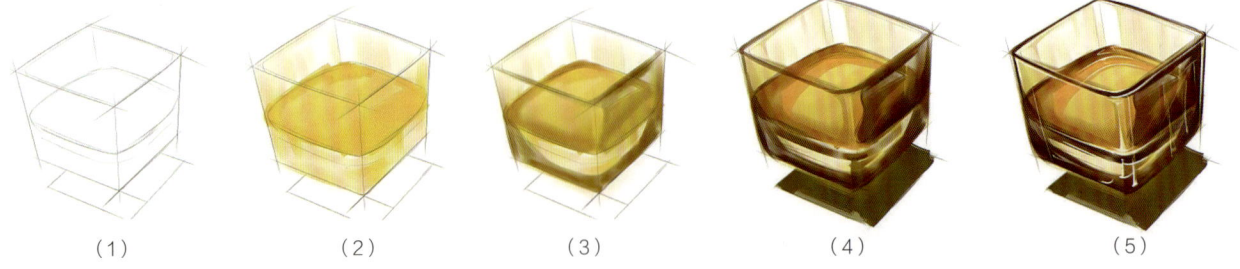

（1）　　　　　　　（2）　　　　　　　（3）　　　　　　　（4）　　　　　　　（5）

图 9-15 透明材质的绘制步骤

透明材质的综合表现如图 9-16、图 9-17。

图 9-16 透明材质的综合表现（1）

图 9-17 透明材质的综合表现（2）

三、金属材质

金属材质是产品设计中运用得非常广泛的材质。金属材质大多表面光滑，最大的特点是高反射和强对比，明暗光影主要受周围环境影响，形成强烈的明暗对比。在绘制时的主要思路是对光影进行归纳，这样金属材质的表达将变得相对简单。

金属材质往往会搭配一些色彩进行点缀，这样产品会更加生动活泼，跳脱出材质本身带有的冰冷刻板的印象。（图 9-18）

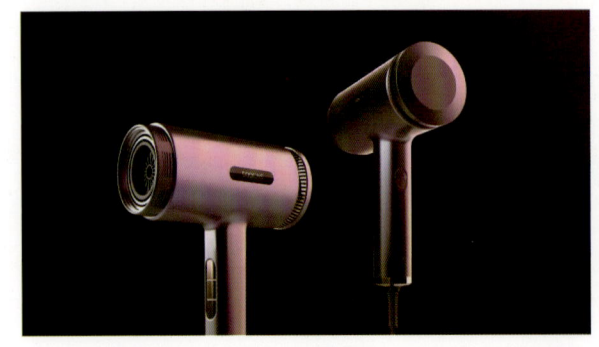

图 9-18 金属材质在产品设计中的运用

金属材质的绘制步骤（图 9-19）：

（1）绘制线稿；
（2）用浅色归纳明暗关系，预留出高光形状、位置；
（3）加强对比关系；
（4）用黑色加强明暗交界线，突出对比关系；
（5）提亮高光，突出强反光材质的特点。

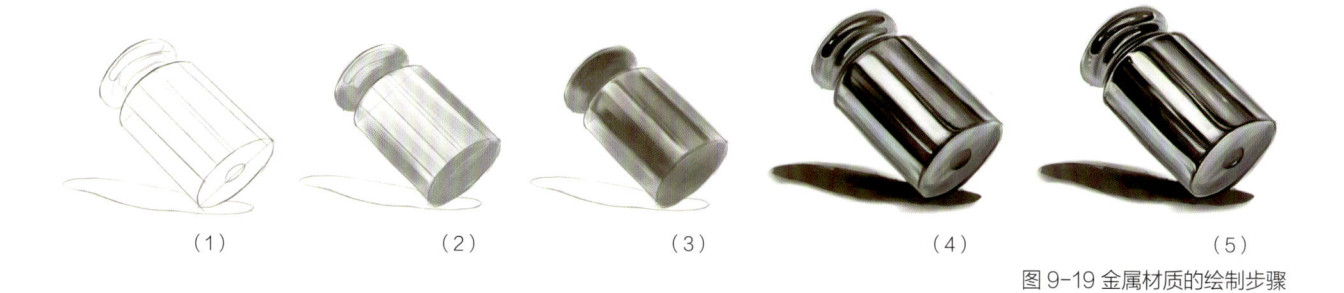

（1）　　　　　（2）　　　　　（3）　　　　　（4）　　　　　（5）

图 9-19 金属材质的绘制步骤

金属材质的综合表现如图 9-20、图 9-21。

图 9-20 金属材质的综合表现（1）　作者：码头设计 　　　　图 9-21 金属材质的综合表现（2）　作者：码头设计

任务实施单

任务	设计一款便携式名片夹,表达出产品的材质。
时间	1.5 小时
材料和设备	A3 纸张、手绘工具箱。
要求	1. 线条流畅,比例合理; 2. 透视和光影关系准确; 3. 材质表现清晰明了。
创意构思	案例参考

拓展练习

1. 说一说木材质的表现手法和绘制步骤。
2. 说一说透明材质的表现手法和绘制步骤。
3. 说一说金属材质的表现手法和绘制步骤。

模块五

产品结构技法表现

任务十　产品结构技法表现

CHANPIN BIAOXIAN JIFA

产品表现技法

任务十 产品结构技法表现

任务卡

任务名称	产品结构技法表现		建议学时	6 学时
任务说明	本任务主要讲解产品爆炸图、剖面图和三视图的用途与表现形式，使学生具备产品结构设计和分析的能力。			
任务目标	知识目标	1. 了解爆炸图的用途和表现形式； 2. 了解剖面图的用途和表现形式； 3. 了解三视图的用途和表现形式。		
	能力目标	1. 具有产品结构设计与表达的能力； 2. 具有工程制图与表达的能力； 3. 具有产品细节处理与表现的能力。		
	素质目标	1. 具有精益求精的工匠精神； 2. 尊重劳动、热爱劳动，具有较强的实践能力； 3. 具有一定的法律法规意识和制图标准规范意识。		
任务重点	了解爆炸图、剖面图和三视图的用途和表现形式，掌握产品结构设计、工程制图以及产品细节处理的能力。			
任务难点	了解爆炸图、剖面图和三视图的用途和表现形式，掌握产品结构设计、工程制图以及产品细节处理的能力，并灵活运用在设计生活中。			
任务准备	纸类（复印纸）		笔类	尺规类
	（马克笔、水溶性彩铅笔、圆珠笔、高光笔）			圆规、云尺、蛇形尺、模板尺、43 cm 三角套尺
任务评价	评价方式：教师评价 + 学生互评			
	教师评价：教师点评；学生互评：引导学生与学生之间相互点评任务成果。			
	过程考核（60 分）			综合测评（40 分）
	素质考核（10 分）		项目或课内实践考核（50 分）	

一、爆炸图

爆炸图是指立体装配图，即用立体图解的方式来说明产品结构和各构件之间的装配关系，通常作为工程与结构设计的参考，用来探讨装配时可能遇到的各种潜在问题，以便于评估产品设计的可行性，也为了阐明产品每个部件的材质、名称以及结构拼接形式，让他人更能理解产品。（图10-1）

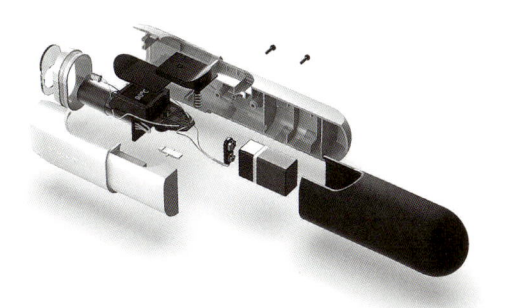

图10-1 产品爆炸示意图

产品爆炸图是厘清产品结构、产品零件以及产品各部分连接的关键图示，会贯穿在产品设计、生产、销售以及售后服务的整个过程中，其在每个阶段呈现的方式与要求会有所区别。在创意设计构思阶段，一般用产品手绘效果图的方式呈现，这就要求设计师像结构工程师一样对产品内部结构、零件、材质有一定的了解，但不要求像标准工程建模一样数据精准无差别。爆炸图可以选择单项爆炸、双向爆炸或者三向爆炸，对透视要求和线稿基本功要求非常高，能够体现设计师的专业素养。（图10-2至图10-4）

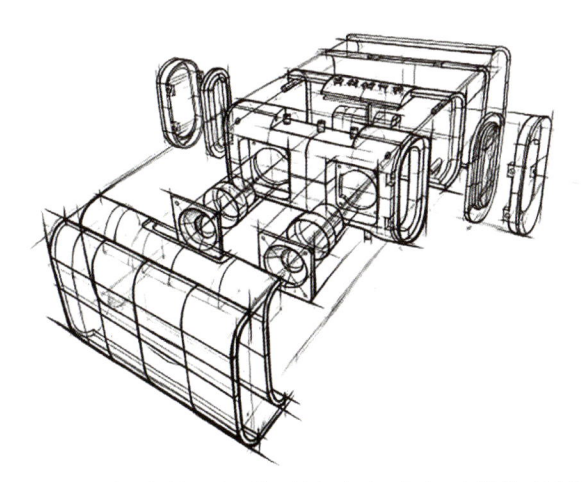

图10-2 产品爆炸图（二维手绘）（1） 作者：刘渝欣 码头设计 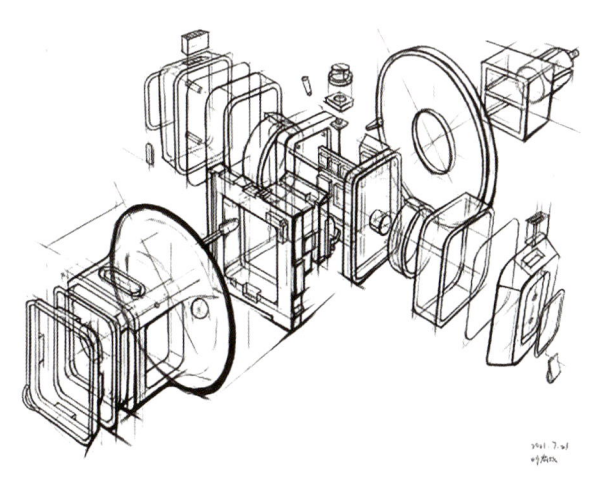　　图10-3 产品爆炸图（二维手绘） 作者：刘渝欣 码头设计

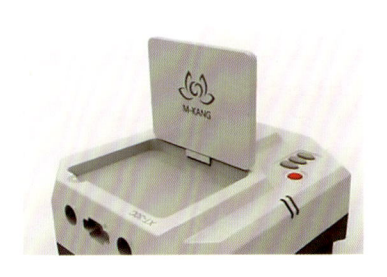

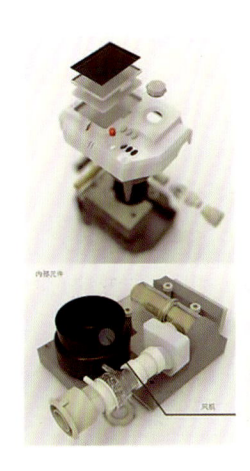

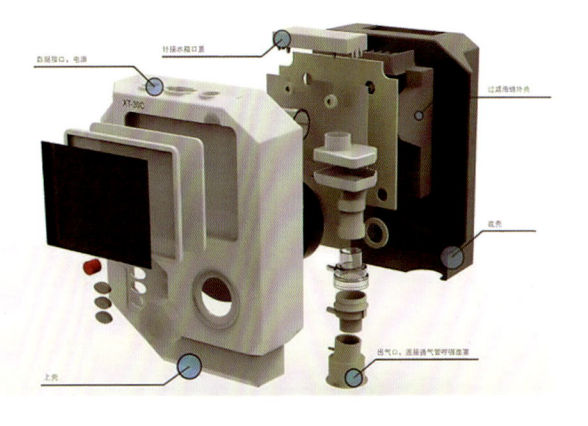

Structure

图10-4 产品爆炸图（3D模型）

爆炸图的绘制步骤如下（图10-5）：

（1）首先确定统一的透视关系，选择合适的视角（一般选择3/4侧视）和透视关系，透视过于强烈的视角会引起产品某些部分扭曲变形，从而造成识别上的障碍。

（2）无论是何种形态的产品，如立方体或者圆弧产品，均可先归纳成一整个盒子方块，然后从中进行上下叠加分割，这种方法有助于把握统一的透视关系。

（3）在大透视关系确定好以后，一些小的零部件（比如小螺钉、小侧键、防滑胶垫等）就可以围绕着这个大的透视关系进行绘制。

（4）在表现产品各部件之间的位置关系时，比较常用的方式是重叠法，其有助于确定产品各部件的位置关系。同样加入参考线，可以帮助理解各部件之间的关系。

爆炸图的综合运用如图10-6、图10-7。

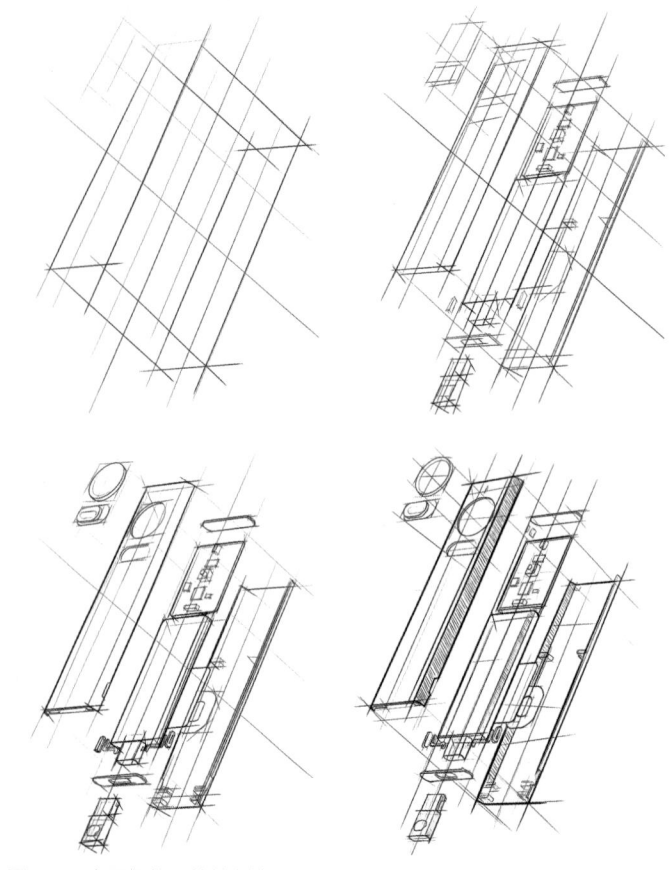

图10-5 产品爆炸图的绘制步骤

图10-6 产品爆炸图的综合运用（1） 作者：李真岩 码头设计 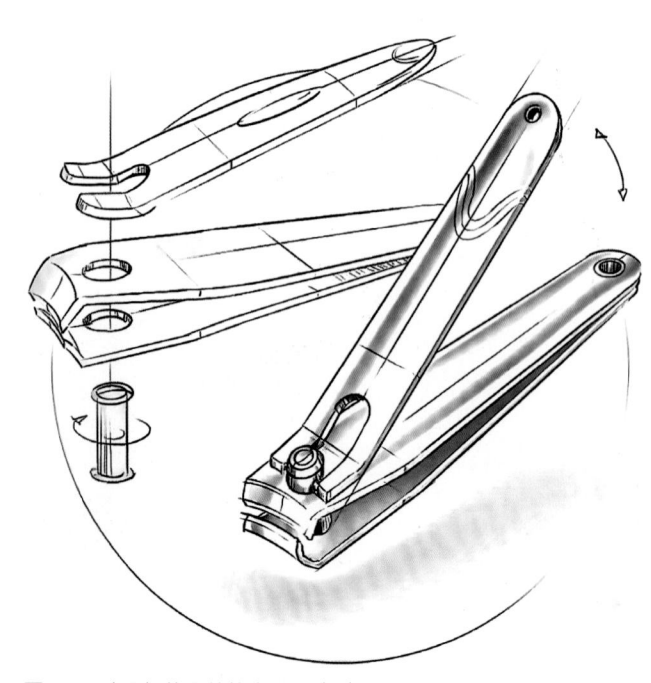　　图10-7 产品爆炸图的综合运用（2）

二、剖面图

剖面图是按照一定方向剖切产品，移去遮挡部分，通过横截面来展示产品内部构造的图例。设计师通过剖面图的形式形象地表达设计思想和意图，使阅图者能够直观地了解产品工程的概况或局部的详细做法以及材料的使用等。剖面图一般用于工程的施工图和机械零部件的设计中，用于补充和完善设计文件，是工程施工图和机械零部件设计中的详细设计，是一种对产品结构的探索，是帮助设计师与客户预判产品实物落地的效果展示。

在产品表现技法中，剖面图一般是对产品某一局部进行进一步补充说明，这部分产品形体一般是对称的。设计师通常把形体投影图的一半画成剖面图，另一半画成外形图，这样组合可以同时观察到外形和内部构造。（图10-8）

图10-8 产品剖面图

三、三视图

三视图是正确反映产品长、宽、高尺寸的正投影工程图，包含正视图、俯视图、左视图三个基本视图，一般用于产品的尺寸标注，通常是观测者从正面、上面、左面三个不同角度观察同一个几何体而画出的平面图形，如需更加精确地表达产品的各部分，还有四视图、六视图等。三视图具有一定的规范性，属于工程制图的范畴，是结构工程师常用到的图纸。在绘制三视图时，对产品具体的尺寸和结构进行示意，有利于与产品生产商、工程师甚至客户进行沟通，增强产品的生产可实现性。（图10-9）

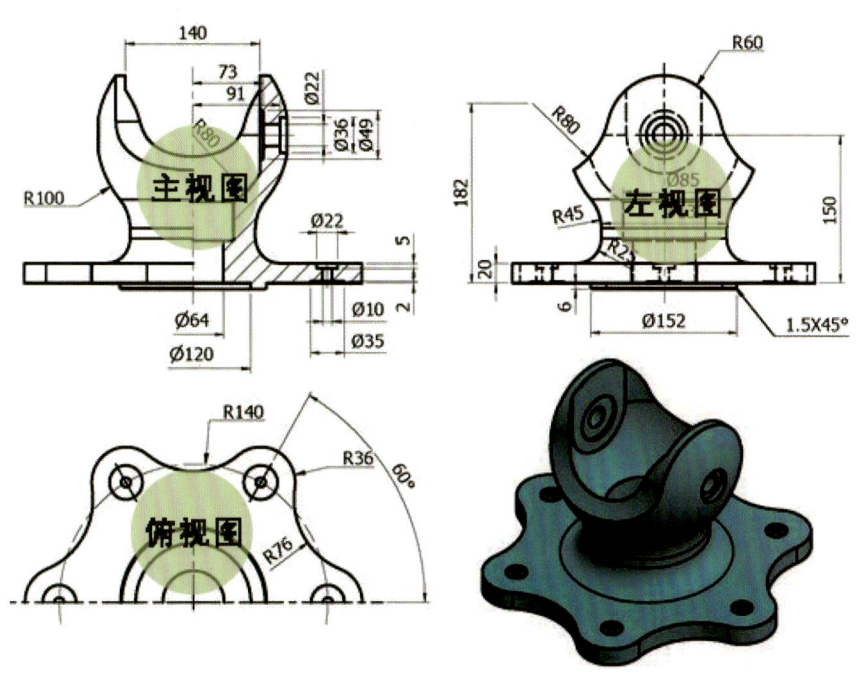

图10-9 产品三视图

按照国家标准，三视图有严格的绘制要求，在产品表现技法中，产品三视图通常用于反映与视图对应的产品外部轮廓，按照一定的比例缩小产品，并标注外部轮廓的主要尺寸，标注单位为毫米（mm），不需要标注加工精度和公差。

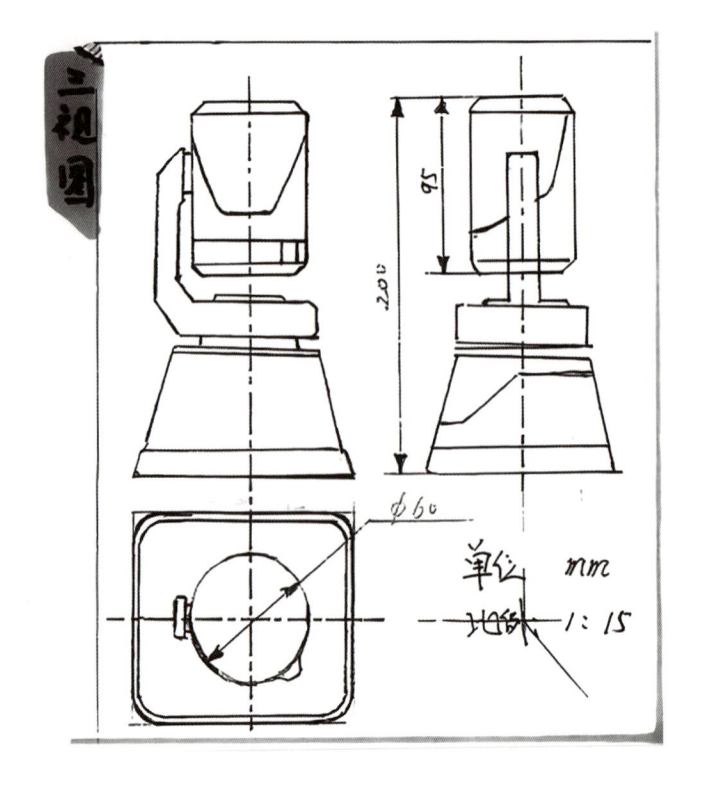

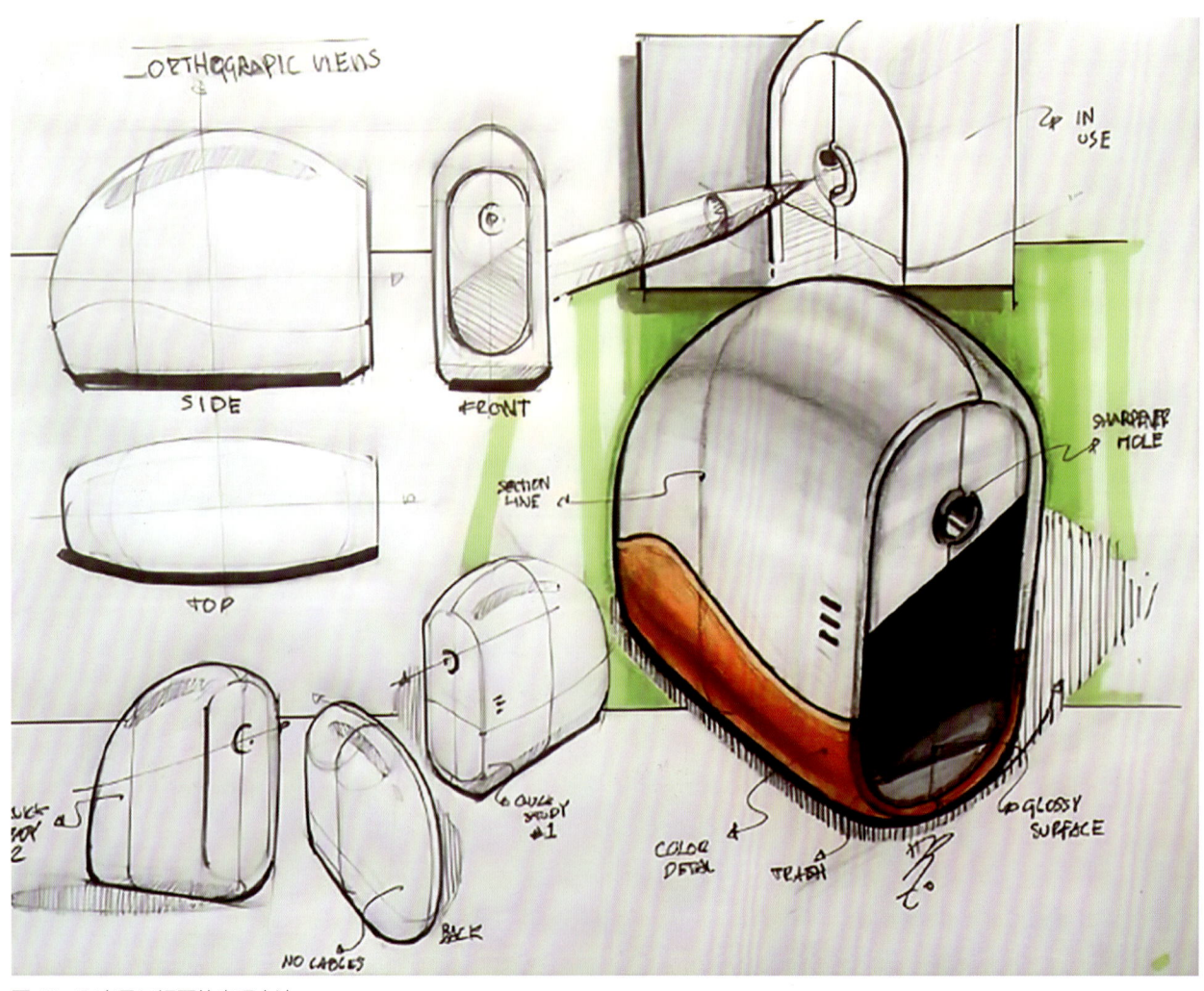

图 10-10 产品三视图的表现方法

三视图在绘制时，一般需要用尺规辅助作图，按照正视图、俯视图、左视图的顺序进行排列，但不能并列摆放，俯视图要绘制在正视图下方，须标注产品的中心线和关键线，且每个形体结构和基本细节要基本对齐，切忌在绘制三视图时出现透视画法。（图 10-10 至图 10-12）

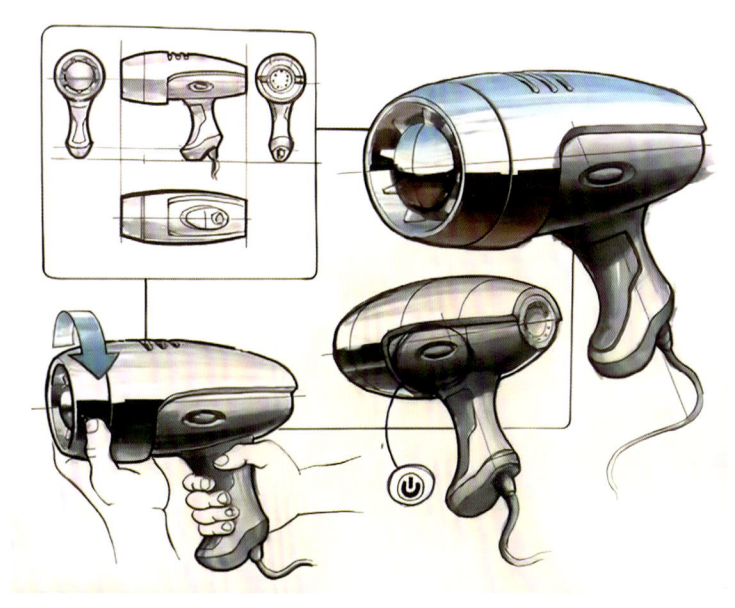

图 10-11 产品三视图与效果图展示（二维手绘）

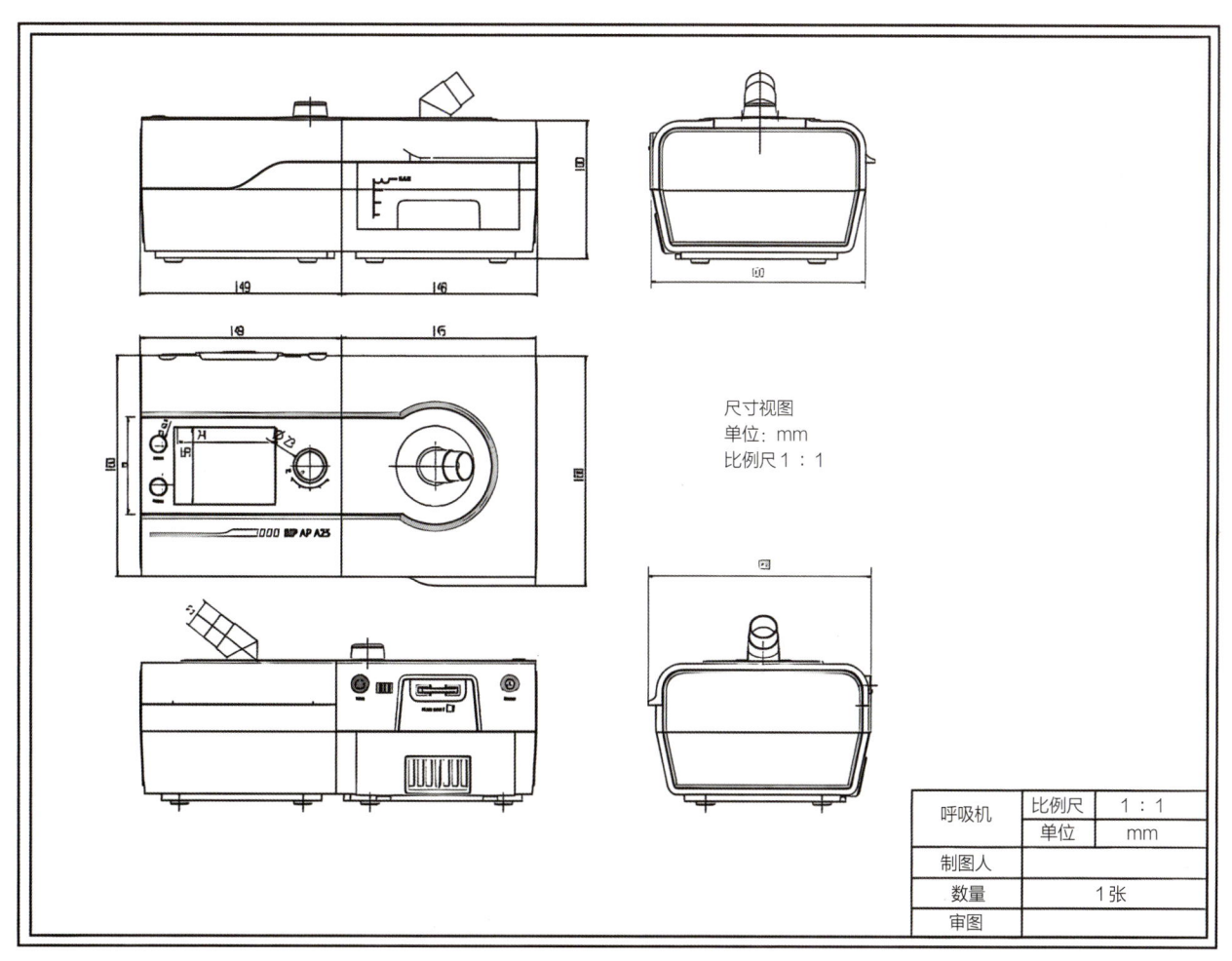

图 10-12 产品三视图（计算机辅助）

任务实施单

任务	自选设计一款产品,绘制出产品的爆炸图、剖面图和三视图。
时间	2 小时
材料和设备	A3 纸张、手绘工具箱。
要求	1. 爆炸图、剖面图绘制,透视准确,结构清晰; 2. 三视图按照工程制图的标准绘制。
创意构思	案例参考

拓展练习

1. 三视图的注意事项有哪些?
2. 说一说爆炸图的绘制步骤。

模块六

产品版式设计表现

任务十一　产品表现版面要素

任务十二　产品表现版式设计

CHANPIN BIAOXIAN JIFA　产品表现技法

任务十一　产品表现版面要素

任务卡

任务名称	产品表现版面要素	建议学时	4 学时
任务说明	通过学习产品基本形态、产品设计思维和产品结构的表达，我们对产品表现的原理和技巧有了一定的了解。在此基础上，还需要综合运用所学知识，形成完整的产品设计方案，因此，我们还需学习设计方案的表达，即设计方案的版面布局技巧，使学生具备完整、直观、系统呈现设计方案的能力。本任务主要讲解产品表现版面要素的呈现方法和技巧，为设计方案表达的完整性打下基础。		
任务目标	知识目标	1. 了解产品表现版面要素； 2. 了解产品表现版面要素标题、箭头以及背景的绘制方式。	
	能力目标	1. 具备产品表现版面要素的表现能力； 2. 具备将设计方案完整、直观、系统呈现的能力。	
	素质目标	1. 具有精益求精的工匠精神； 2. 尊重劳动、热爱劳动，具有较强的实践能力。	
任务重点	了解产品表现版面要素的表现形式和方法。		
任务难点	了解产品表现版面要素的表现形式和方法，具备产品设计方案呈现的能力，并灵活运用在设计生活中。		
任务准备	纸类	笔类	尺规类
		马克笔　水溶性彩铅笔　圆珠笔　高光笔	圆规　云尺　蛇形尺　模板尺　43 cm 三角套尺
任务评价	评价方式：教师评价 + 学生互评		
	教师评价：教师点评；学生互评：引导学生与学生之间相互点评任务成果。		
	过程考核（60 分）		综合测评（40 分）
	素质考核（10 分）	项目或课内实践考核（50 分）	

通过前面的学习，我们了解到产品表现技法的方式有二维表现和三维表现，传统的二维表现主要是以产品手绘快题为主，但在实际的设计项目中，产品手绘快题通常适用于设计构思阶段，在最终的设计方案讲解中，一般都以产品展板、PPT方案或任务书进行讲解，但因本课程为产品设计专业的入门课程，本节任务仅以产品手绘快题的版式要素和版式设计为例，进行产品表现版式设计的讲解。在产品手绘快题、产品展板、PPT方案或任务书中，产品设计环节需要呈现的模块内容基本一致，只是使用工具不同，而使得产品表现技法呈现的画面形式有所区别。

一、标题

标题是产品表现的主题，设计方案的"名字"，是产品表现中最直接体现设计主题的部分，通过文字的表现形式，向阅读者直观地表述是设计什么样的产品，有什么样的设计点。（图 11-1 至图 11-5）

图 11-1 产品手绘快题——标题的呈现（1）作者：码头设计

图 11-2 产品手绘快题——标题的呈现（2）作者：码头设计

图 11-3 标题在产品展板中的运用（1）作者：范煜

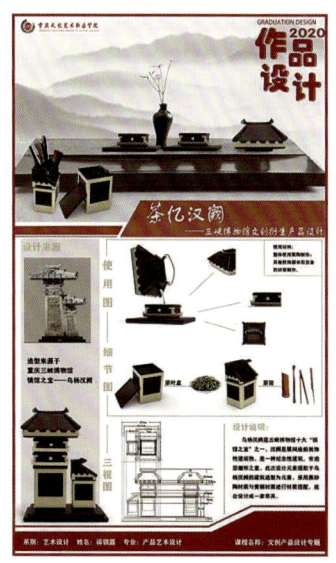

图 11-4 标题在产品展板中的运用（2）作者：蒋银露

图 11-5 产品手绘快题——标题的表现形式

标题有主标题、副标题和二级标题。主标题与副标题一般位于产品表现版面的开头，占据面积较大，其目的在于吸引人们的注意与概括主题。主标题惯用与设计主题相关的词组，要具有创新性、易读性以及趣味性，字数一般控制在 2 至 5 个字，避免使用冗长、晦涩难懂的词汇，一般用比喻、化用、替换等方式来体现文采，如时来运转、高山流水等。（图 11-6、图 11-7）

图 11-6 产品手绘快题中主、副标题的表现形式

图 11-7 产品展板中主标题的表现形式

副标题位于主标题破折号之后，在于点明产品设计的类型，对主标题做出解释说明，一般用陈述性语言来介绍设计方案，如文创产品设计、仿生设计、儿童玩具模块化设计、无障碍设计等。副标题字体大小要小于主标题，表现形式也弱于主标题。（图11-8）

设计方案中，二级标题与主标题要存在大小上的变化，主标题为主，字体尺寸较大，二级标题为次，字体尺寸小于主标题，大于正文。因设计方案中需要阐述的部分较多，二级标题要注重统一大小、颜色和表现形式。（图11-9）

标题兼具设计传达与创意表现的作用，字体的选择要有一定的设计感，才能使阅读者轻松联想到主题。

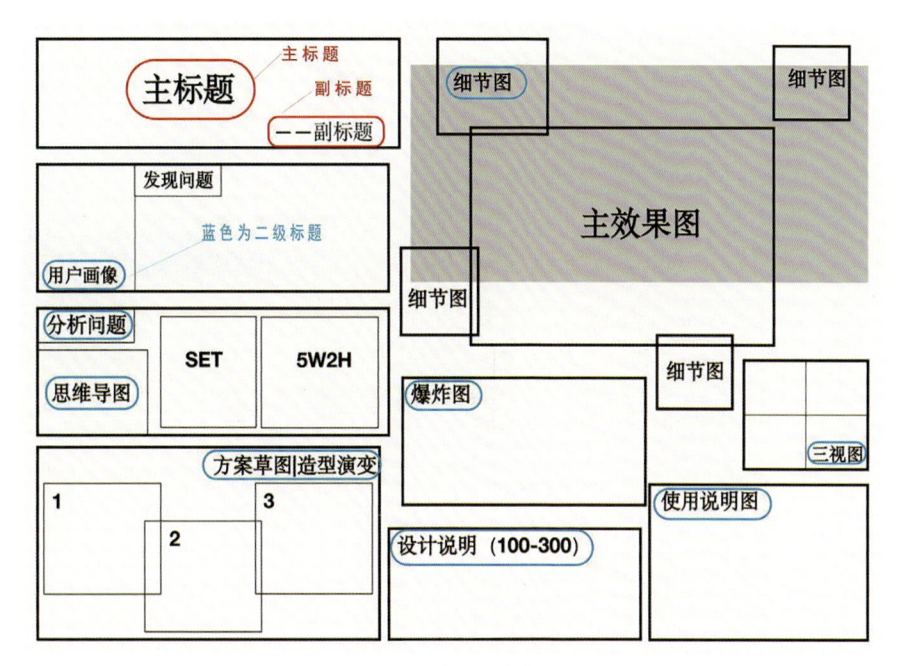

图 11-8 产品手绘快题——主、副以及二级标题的版面布局

图 11-9 产品手绘快题——二级标题的表现形式

标题的绘制步骤（图 11-10）：

（1）选择喜欢的颜色写出标题内容；

（2）选一个较深的颜色从下向上用扫的方式做出颜色渐变的效果；

（3）用勾线笔勾出外轮廓；

（4）黑色马克笔将中间空白部分涂满，同时画出上、下方元素；

（5）用高光笔画出字体高光、侧边轮廓以及元素高光；

（6）最后再增加一些细节元素。

图 11-10 产品手绘快题——标题的绘制步骤

二、箭头

产品表现方案图中，当产品的操作方式、分解方式需要解释说明或视觉流向需要引导时，设计师可运用箭头图像来传达图意。箭头根据其作用的不同可分为视觉导向箭头、产品操作指示箭头以及文字注释箭头。箭头除引导信息外，同时也可丰富设计方案图的版面，增加画面的可读性。

（一）视觉导向箭头

视觉导向箭头可引导阅读者的视觉流向，在设计方案图中，各板块之间添加带有方向的视觉导向箭头，能够使阅读者跟随设计师的设计思路与流程，了解设计的意图。视觉导向箭头也可以提示版面中需要进一步说明的内容，如对产品某部分的细节进行放大指引等。（图 11-11、图 11-12）

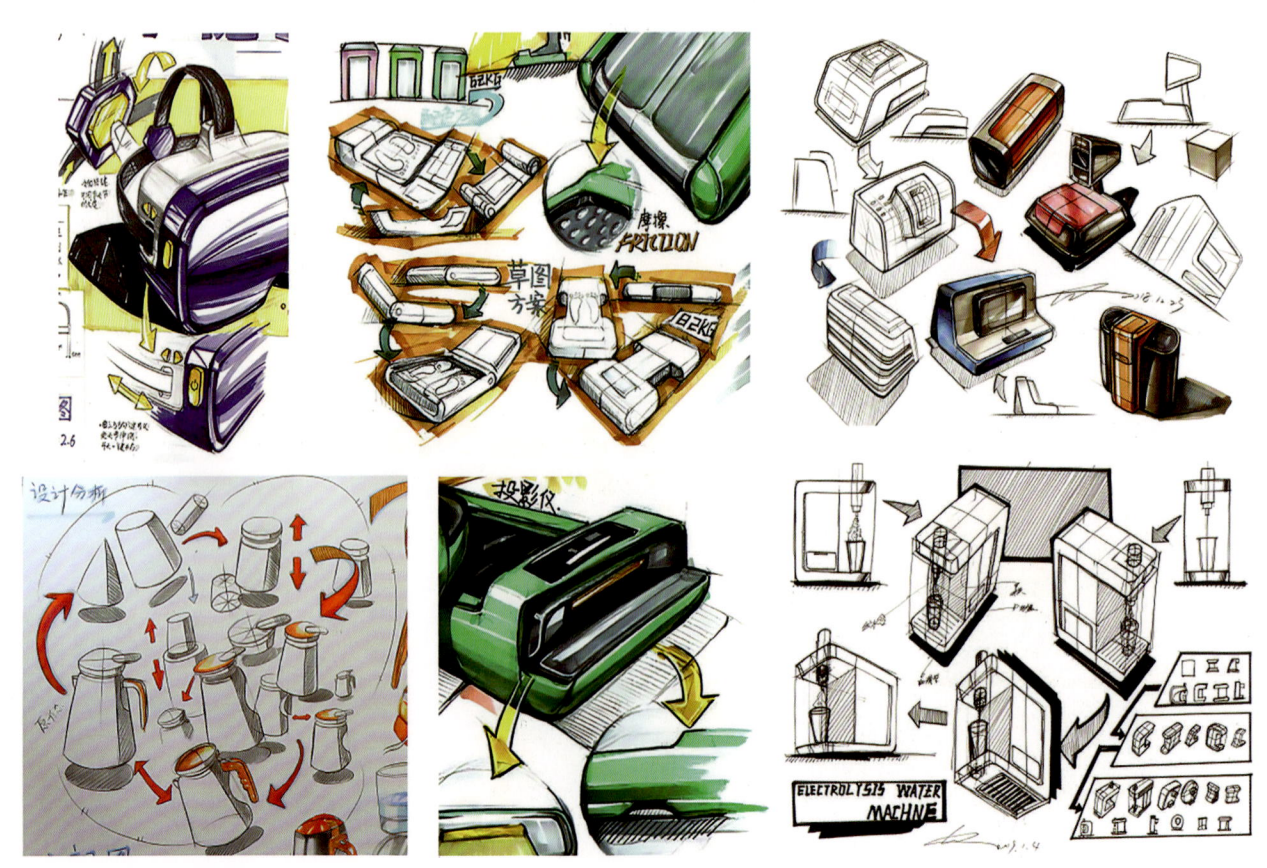

图 11-11 视觉导向箭头在产品手绘快题中的运用

图 11-12 视觉导向箭头的表现形式

（二）产品操作指示箭头

产品操作指示箭头能辅助说明产品功能的操作方式，比如掀开、拉开、对折、推入、滑动、按下、穿过等客户在使用产品时实际会发生的动作。操作指示箭头经常配合手部图形一起完成对产品操作方式的解释，使人机关系一目了然，突出产品的易用性。（图11-13）

（三）文字注释箭头

文字注释箭头主要用于标示出产品的功能部件、使用材质和特殊功能等内容。一般拉出线条配上箭头即可，线条可以是直线、曲线或折线，箭头的形式多样，可实心、空心、半箭头或圆点，可根据个人绘图习惯和产品类型的适配度进行选择。（图11-14）

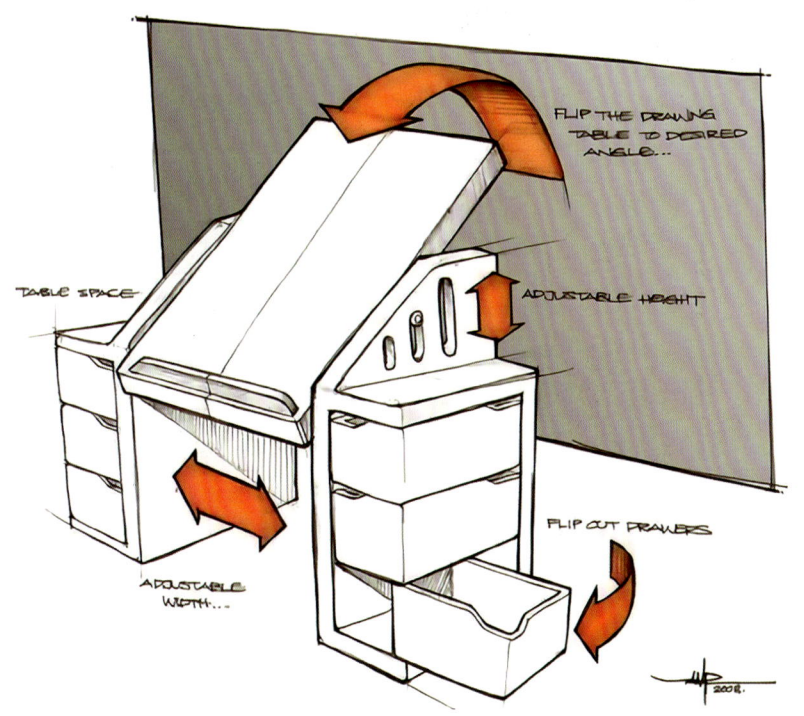

图 11-13 产品操作指示箭头

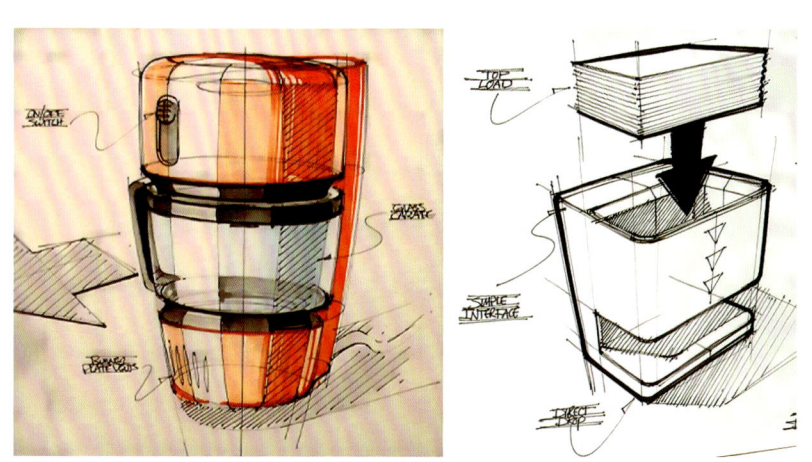

图 11-14 文字注释箭头在产品手绘快题中的运用

掌握箭头绘制的基础在于先掌握好透视，箭头的透视应与画面中的产品空间透视保持统一，在添加颜色时，还需考虑光影关系。下面我们通过直线箭头、曲线箭头和旋转箭头来展示箭头表达的方法，这3种箭头分别代表产品操作中的推拉、翻转和旋转。

第一步：起稿。（图11-15）

根据透视的规律，绘制出3种箭头的线稿状态，并在箭头位置标出其中线，注意透视。

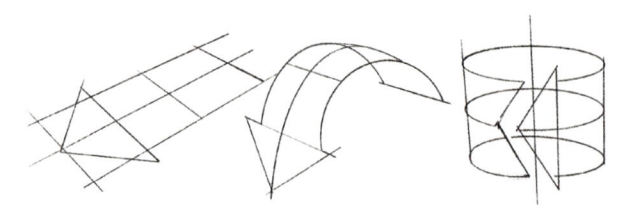

图11-15 箭头的表达方法——起稿

第二步：上色。（图11-16）

选用马克笔对3种箭头进行铺色，马克笔的笔触跟随箭头的走线进行排笔，通过留白来表现箭头的明暗关系。值得注意的是，用马克笔上色时，尽量使用鲜明的颜色或与产品主体色形成对比关系的颜色，使其突出。

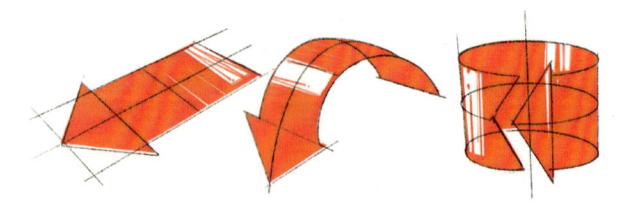

图11-16 箭头的表达方法——上色

第三步：强调明暗关系，塑造立体感。（图11-17）

使用直线排布来加重箭头暗部，拉开箭头的明暗关系；绘制投影，塑造出箭头的立体空间感；对箭头的轮廓线进行复描，增加箭头的层次感。

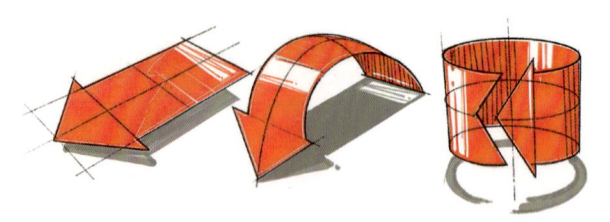

图11-17 箭头的表达方法——强调明暗关系，塑造立体感

箭头的绘制需搭配产品图使用，具有功能性和专业性，我们应重视箭头的作用。在平常练习时，我们可先绘制箭头的透视线，再顺着透视线绘制出箭头的形态。（图11-18、图11-19）

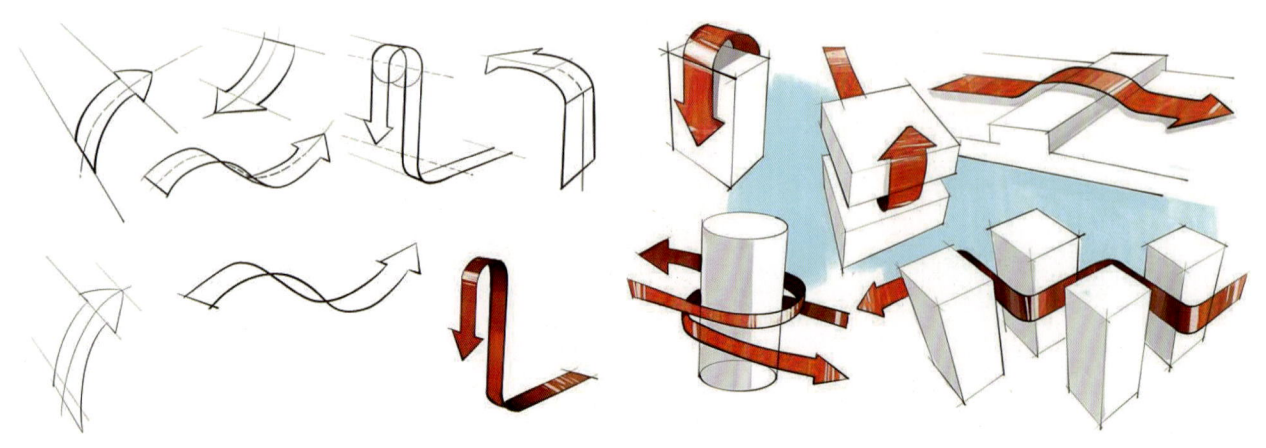

图11-18 箭头的表达方法（1）

图11-19 箭头的表达方法（2）

三、背景

产品表现图中的背景可理解为产品设置的背景板,其目的是衬托主体、烘托氛围和增强空间感,提升产品的表现力和视觉感染力。(图11-20至图11-23)

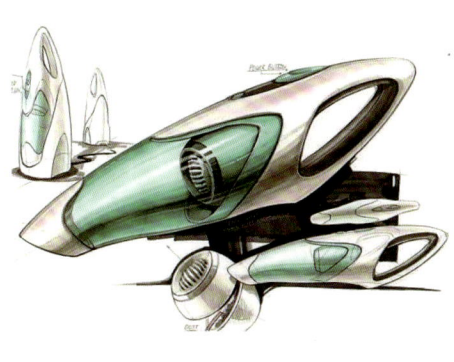

图 11-20 背景在产品手绘快题中的运用

图 11-21 背景在产品手绘(电子)中的运用(1)

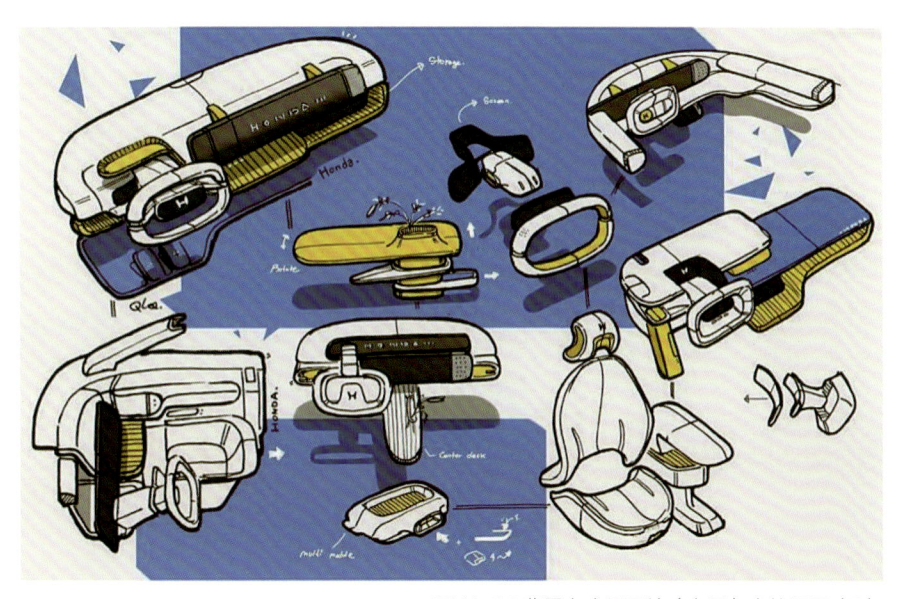

图 11-22 背景在产品手绘(电子)中的运用(2)

图 11-23 背景在产品手绘（电子）中的运用（3）

任务实施单

任务	设计一款摄像头，突出主体物，通过文字性标题进一步说明设计方案。
时间	3 小时
材料和设备	A3 纸张、手绘工具箱。
要求	1. 线条流畅，透视准确； 2. 突出主体物，对设计细节进行进一步说明。
创意构思	案例参考

拓展练习

1. 标题的表现形式有哪些？
2. 说一说箭头的分类和表现形式。
3. 说一说背景对于主体物的作用和其表现形式。

任务十二　产品表现版式设计

任务卡

任务名称	产品表现版式设计	建议学时	2 学时
任务说明	产品设计方法从设计思维开始到最终产品定稿，需要展示一定的信息，有规划、有层次地布局各板块的信息，使设计创意信息准确表达的同时增强阅读者的体验感，从而使产品设计表现达到理想的效果。本任务主要是讲解日常训练排版、产品快题版面以及项目汇报排版，及其所需要呈现的重点内容和表达形式，使学生具备合理处理重要信息的能力。		
任务目标	知识目标	1. 了解日常训练需要呈现的信息和表达的形式； 2. 了解产品快题版面需要呈现的信息和表达的形式； 3. 了解项目汇报排版需要呈现的信息和表达的形式。	
	能力目标	1. 具备合理布局重要信息的能力； 2. 具备有规划地呈现重要信息的能力与产品创意表现的能力； 3. 具备利用产品设计方案进行流畅交流的能力。	
	素质目标	1. 具有较强的问题分析与解决能力； 2. 掌握信息技术应用能力和独立思考、逻辑推理、信息加工的能力； 3. 具有较强的表达与沟通能力及团队合作能力。	
任务重点	了解日常训练、技能赛事以及项目汇报所需要呈现的重点内容，具有合理布局设计方案版式的能力。		
任务难点	了解日常训练、技能赛事以及项目汇报所需要呈现的重点内容，具有合理布局设计方案版式的能力，并灵活运用在设计生活中。		
任务准备	纸类（复印纸）	笔类（马克笔、水溶性彩铅笔、圆珠笔、高光笔）	尺规类（圆规、云尺、蛇形尺、模板尺、43 cm 三角套尺）
任务评价	评价方式：教师评价 + 学生互评		
	教师评价：教师点评；学生互评：引导学生与学生之间相互点评任务成果。		
	过程考核（60分）		综合测评（40分）
	素质考核（10分）	项目或课内实践考核（50分）	

版式设计是设计人员根据主题和视觉需求，在预先设定的有限版面内，运用造型要素和形式原则，根据特定主题与内容的需要，将文字、图片（图形）及色彩等视觉传达信息要素，进行有组织、有目的的组合排列的设计行为与过程。无论是在视觉传达设计、环境设计以及产品设计等设计领域，版式设计都是组织信息传达的重要手段，是设计者所必备的基本功之一。本任务将从日常训练、产品快题以及项目汇报三个方面讲解版面设计的技巧。

一、日常训练版式设计

作为产品设计师，我们需要快速捕捉和记录自己的设计灵感与创意，以便积累素材，把日常观赏到的好作品保存下来，强化自身的造型能力。我们也可以通过对这些素材中的产品造型进行思考分析，理解其中的设计原理，来提升自身的产品表现的能力。日常训练就是产品设计工作中常用于积累素材和提升自我的手段，日常训练图也是创意构思阶段的常用参照。日常训练版面一般以手绘线稿的形式呈现，重在快速捕捉设计创意，绘制产品的大致轮廓即可。（图12-1、图12-2）

图12-1 日常训练版面形式

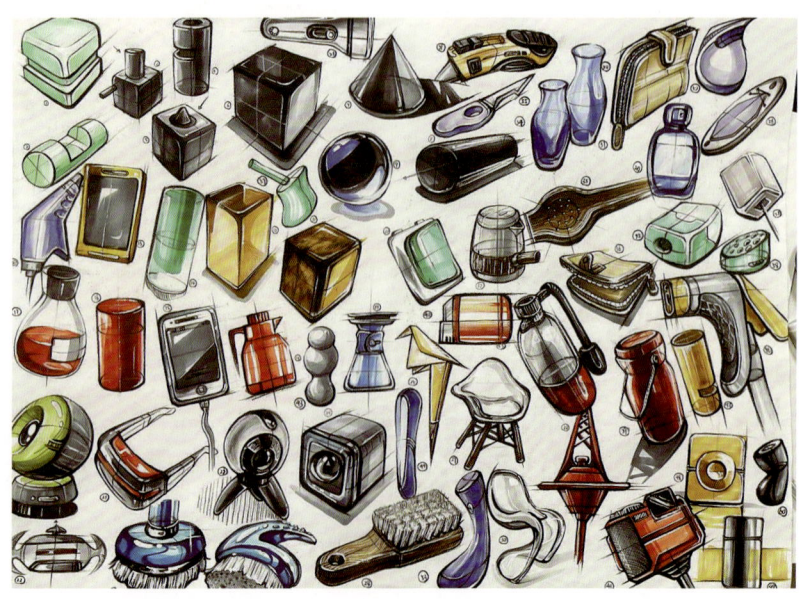

图12-2 日常训练版面上色稿

二、产品快题版式设计

产品快题是众多高校升学考试或专业比赛中的一种考核方式,主要考查学生的综合设计能力。考核的内容是给出一个主题,要求考生根据主题设计出一个产品主方案加两个产品小方案,并阐述设计的流程,可分为标题、设计分析、设计方案、最终方案效果图、细节图、三视图、人机关系图、爆炸图和设计说明九个板块,来测试考生的完整设计思维过程和设计研究能力。(图12-3)

图12-3 产品快题表现形式

产品快题根据设计工作开展的流程和思维发展的先后顺序来排版,一般采用A2或A3大小的纸张进行绘制,横构图或竖构图均可,图12-4至图12-6是横、竖两类构图的版式设计模板,可供参考。

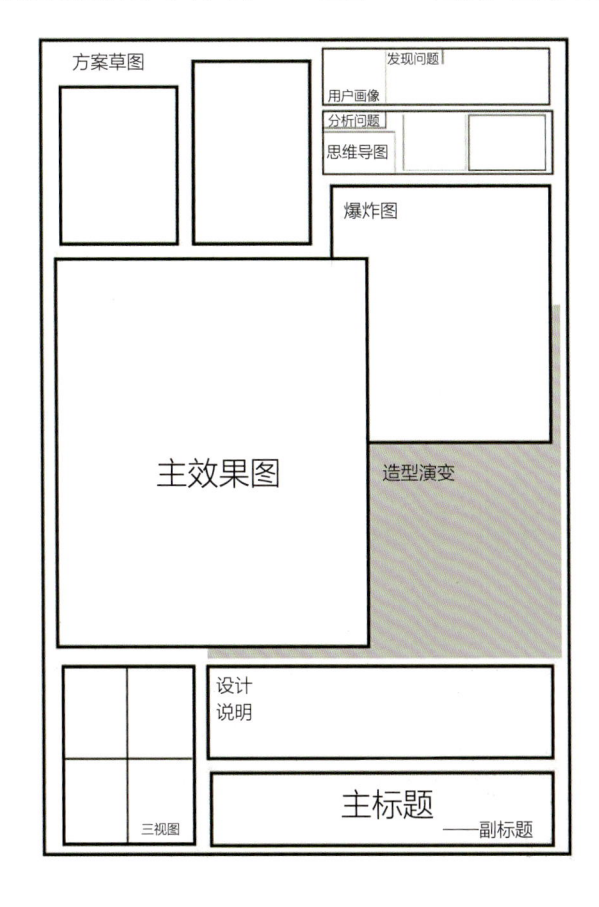

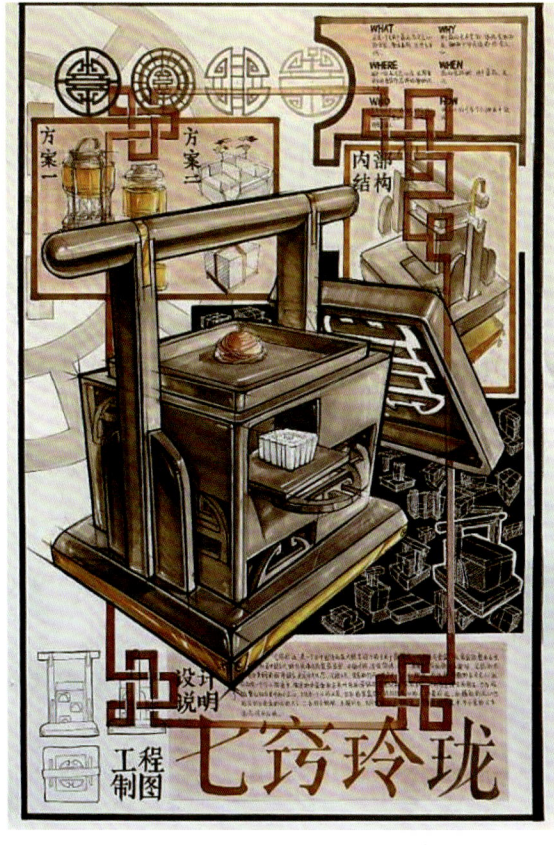

图12-4 产品快题版面设计参考——竖构图

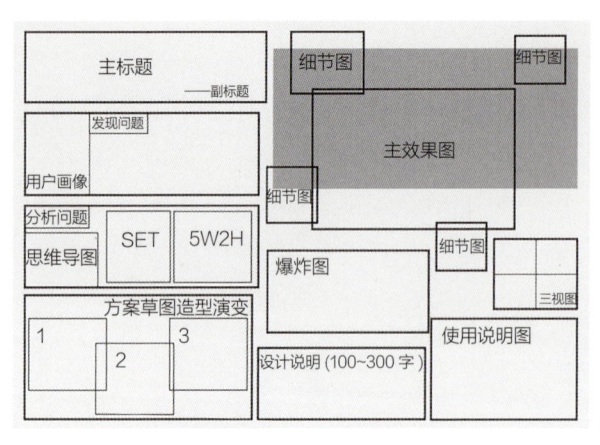

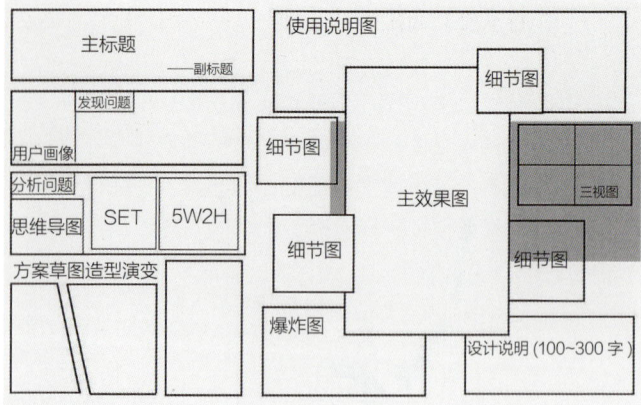

图 12-5 产品快题版面设计参考——横构图（1）　　　　　图 12-6 产品快题版面设计参考——横构图（2）

三、项目汇报版式设计

项目汇报时，设计师已经过设计分析、产品形态推演、产品结构分析、产品 CMF 设计分析等阶段，形成了较为完整的设计方案。设计方案的呈现是多方面、多维度的，可呈现手绘的产品方案推进图、数字手绘图以及 3D 数字建模渲染图。在此阶段，计算机软件辅助的数码手绘图和 3D 数字建模渲染图尤为重要，原因在于客户一般不会察觉产品手绘技巧的细节，他们更希望看到一张清晰的关于该产品在日常生活中的图像，且数字制图能随时调整与优化。

项目汇报时，产品设计方案需呈现的内容应是设计构思→造型→ CMF →结构→模型的一个总体陈述，仅用一两张图稿是阐述不完整的，一般是以 PPT 方案、展板或任务书的形式进行呈现。下面以由某家用医疗呼吸机设计为例，来讲解项目汇报方案所呈现的内容和形式。

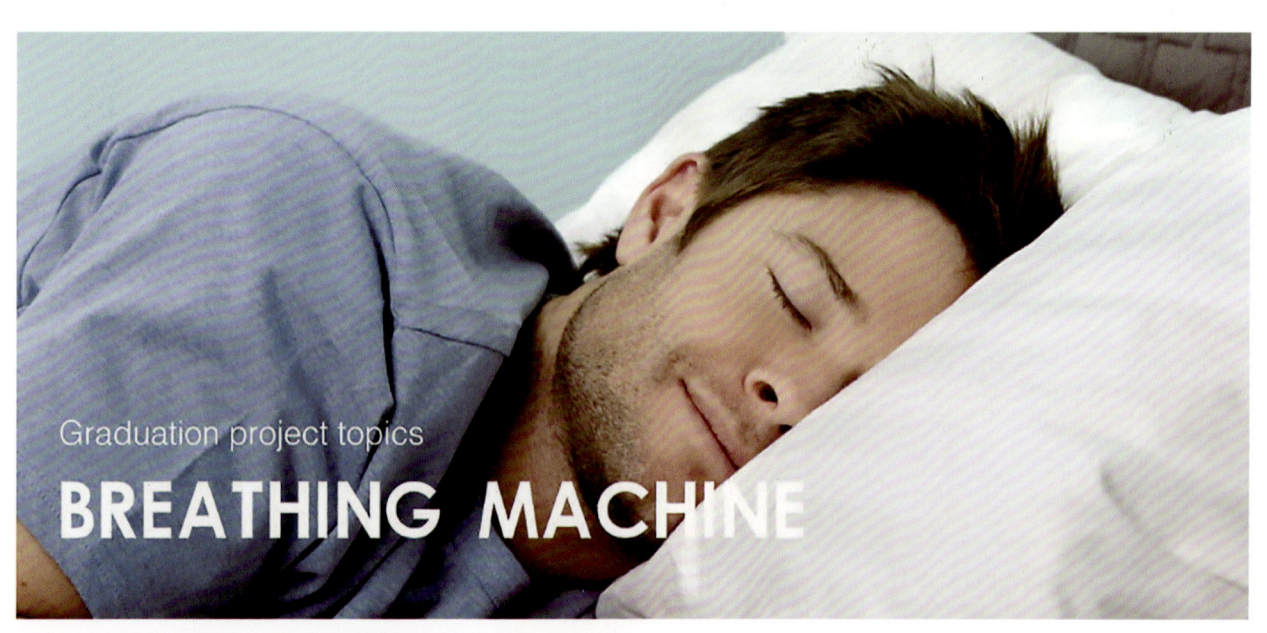

图 12-7 项目汇报方案——产品使用场景图

通过一张与设计主题相关的人物环境图为阅读者营造一个产品使用场景，增强阅读者的体验感。从人物环境图中我们能读取到产品的定位人群、功能和使用环境。（图 12-7）

设计师将从设计调研、设计创意、产品内部结构三个方面来呈现设计的过程。（图12-8）

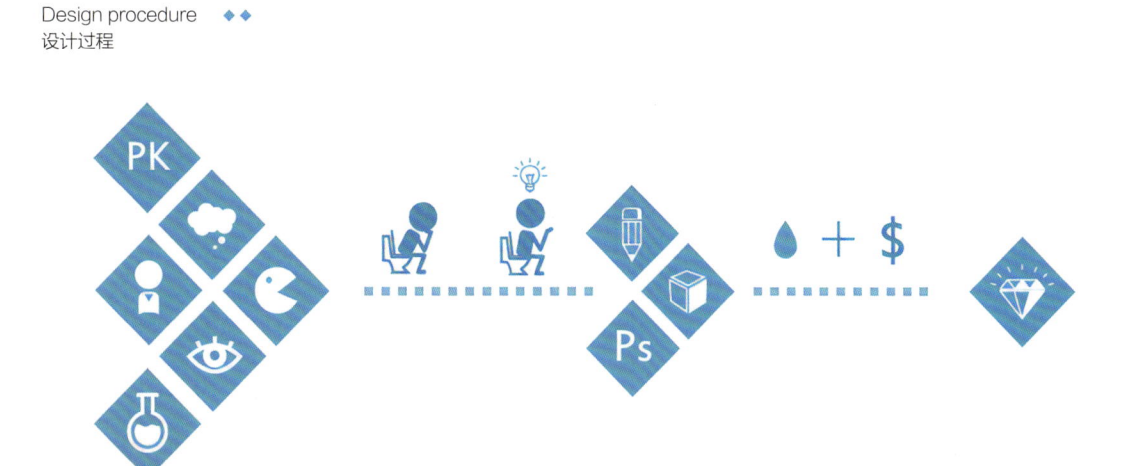

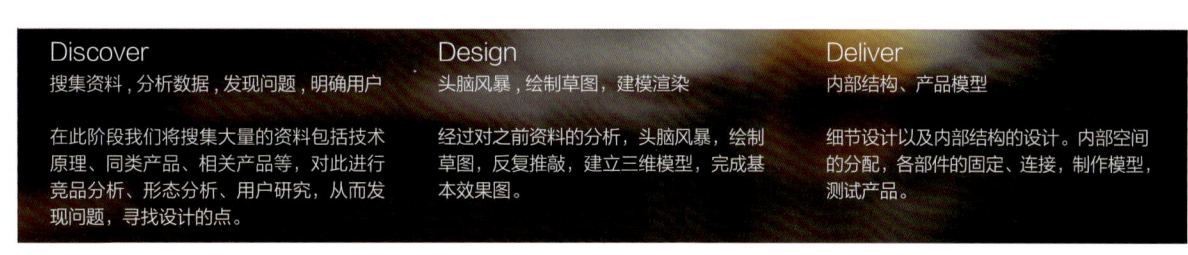

Design procedure ◆◆
设计过程

Discover
搜集资料，分析数据，发现问题，明确用户

在此阶段我们将搜集大量的资料包括技术原理、同类产品、相关产品等，对此进行竞品分析、形态分析、用户研究，从而发现问题，寻找设计的点。

Design
头脑风暴，绘制草图，建模渲染

经过对之前资料的分析，头脑风暴，绘制草图，反复推敲，建立三维模型，完成基本效果图。

Deliver
内部结构、产品模型

细节设计以及内部结构的设计。内部空间的分配，各部件的固定、连接，制作模型，测试产品。

图12-8 项目汇报方案——设计过程

产品定位环节，可提取3至5个反映产品设计主题的关键词，定位产品的设计风格、使用环境以及产品设计的目标等信息，图文搭配，共同为设计主题营造氛围，为设计造型定下格调。（图12-9）

Product positioning ◆◆
产品定位

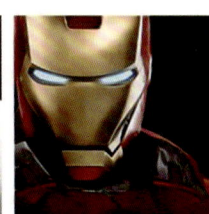

Oniri®

简洁　智能　可靠　精致　安静　——关键词

◆ 产品名称：双水平无创呼吸机(家用型)　　◆ 标杆产品：伟康双水平呼吸机 S/T 呼吸机
◆ 产品定位：安全可靠、安静、智能
◆ 使用环境：室内、家庭

图12-9 项目汇报方案——设计定位图

进入创意构思环节，设计师需运用一系列设计思维的方法，如思维导图、头脑风暴等方法发散思维，运用产品造型的方法，对产品形态进行不断的推演，以求得最佳的产品外形。（图12-10至图12-12）

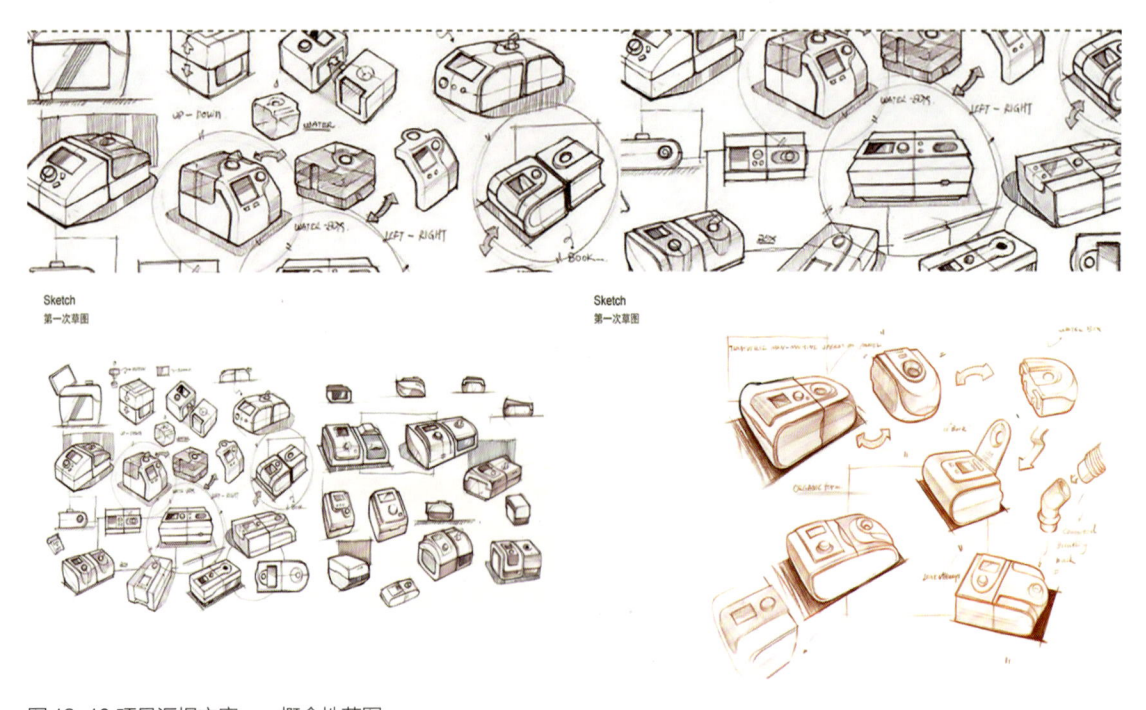

图12-10 项目汇报方案——概念性草图

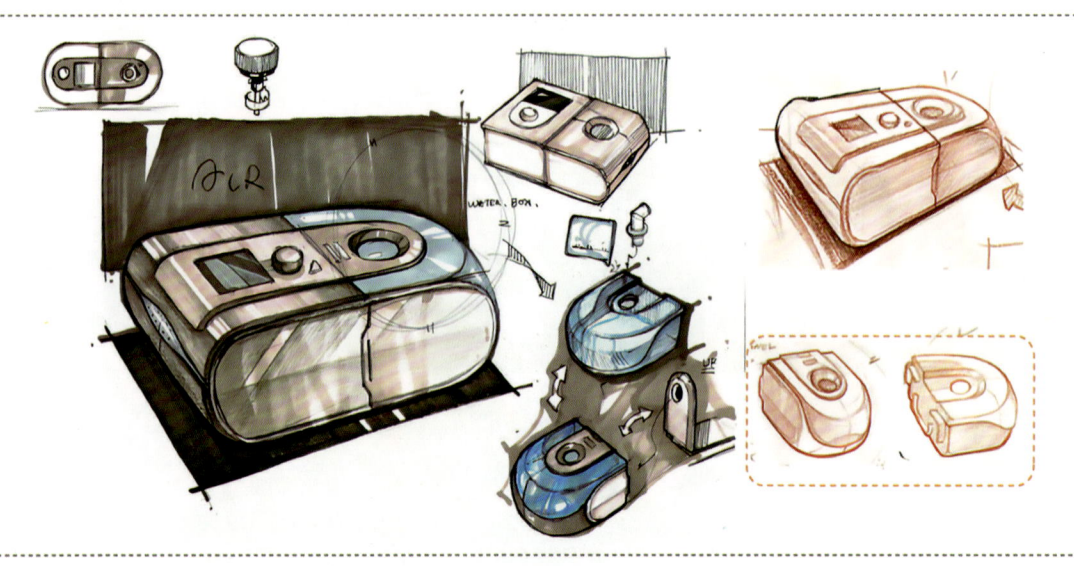

图12-11 项目汇报方案——产品效果图

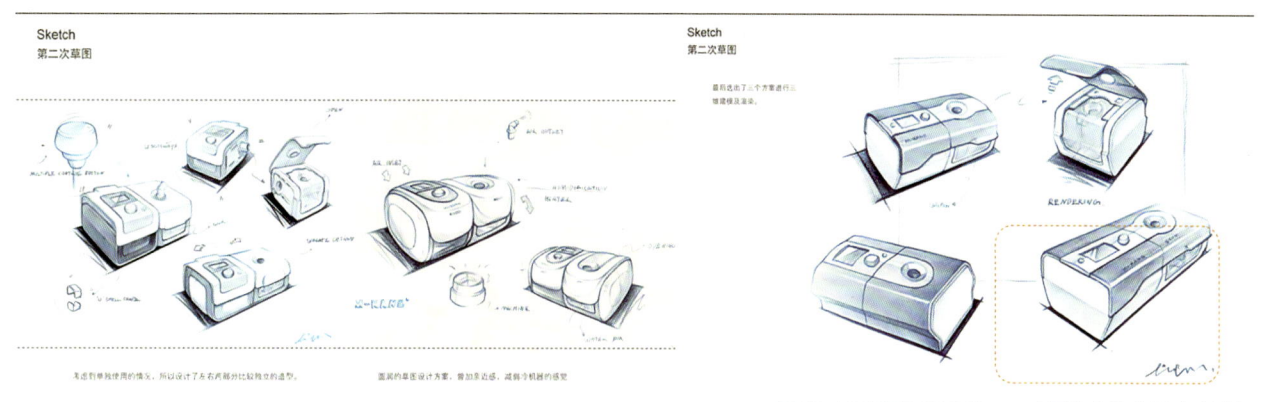

图 12-12 项目汇报方案——产品概念性草图（改进）

通过三维数字软件建模，模拟出产品的造型，通过渲染软件设计产品的颜色、材质以及分析工艺的可行性。（图 12-13）

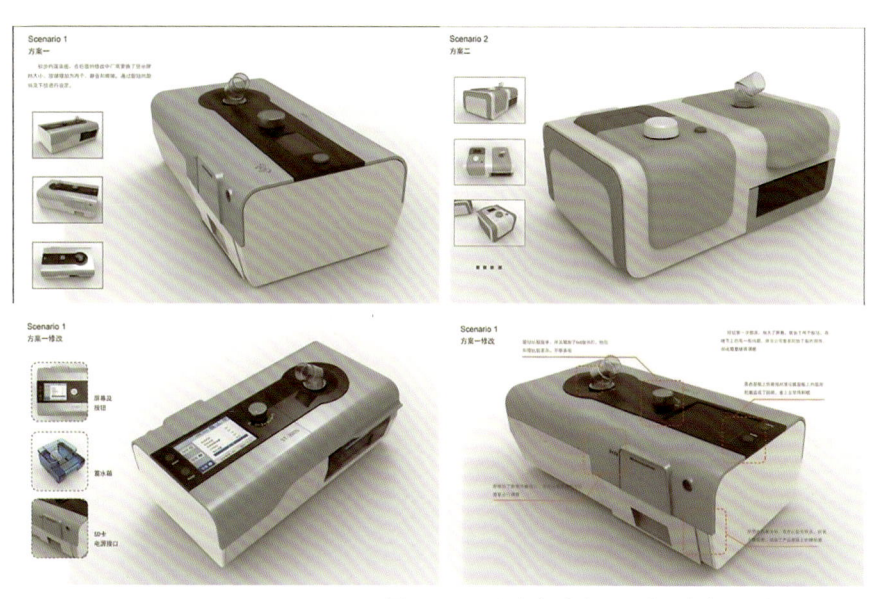

图 12-13 项目汇报方案——产品方案图和细节阐述图

在三维数字模型中，不断改进产品设计方案。（图 12-14、图 12-15）

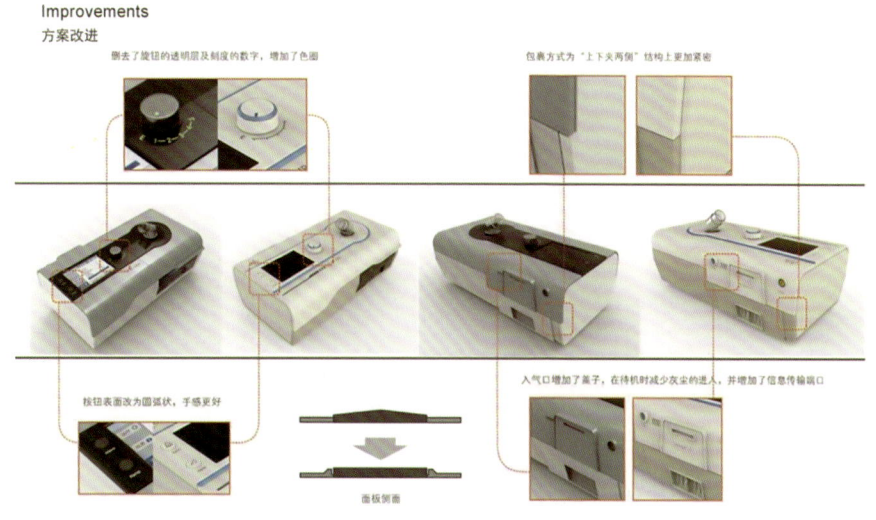

图 12-14 项目汇报方案——产品细节图（改进）

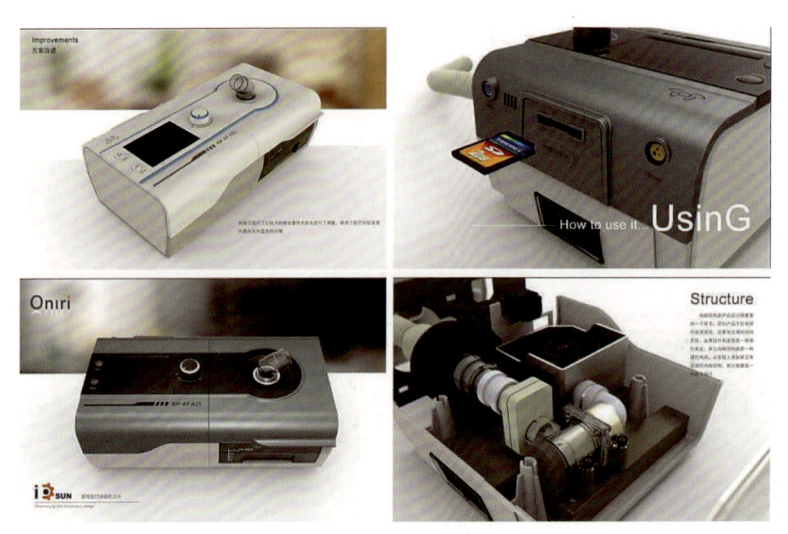

图 12-15 项目汇报方案——产品方案图（一般呈现 3 个方案）

通过三维数字模型，模拟产品的使用方式，分析产品功能的合理性与可行性。（图 12-16）

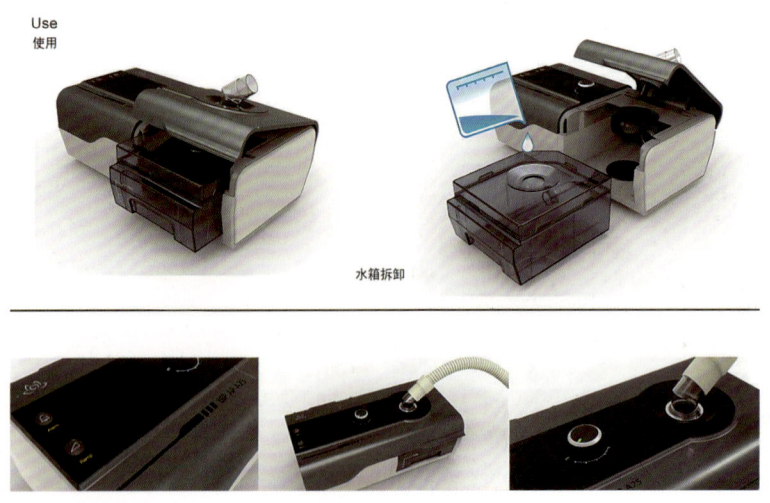

图 12-16 项目汇报方案——产品使用图

在三维数字模型中，通过爆炸图的形式分析产品的细节和设计结构。（图 12-17）

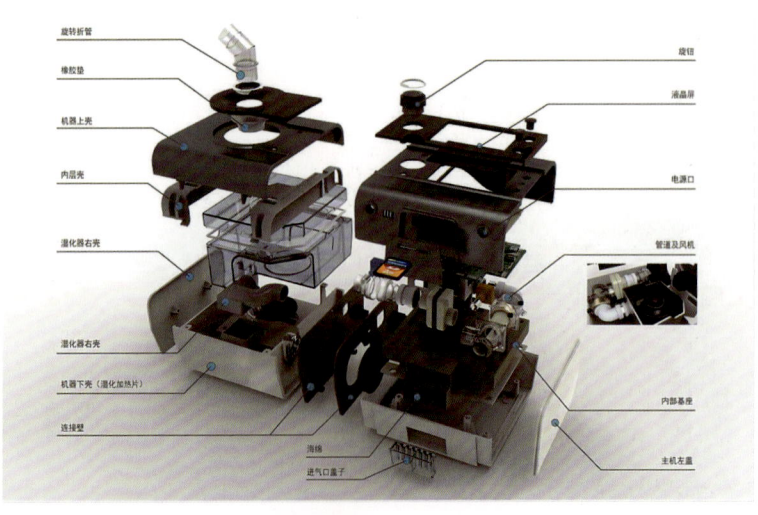

图 12-17 项目汇报方案——产品爆炸图

绘制工程制图——三视图，为产品模型制作做准备。（图12-18）

View
视图

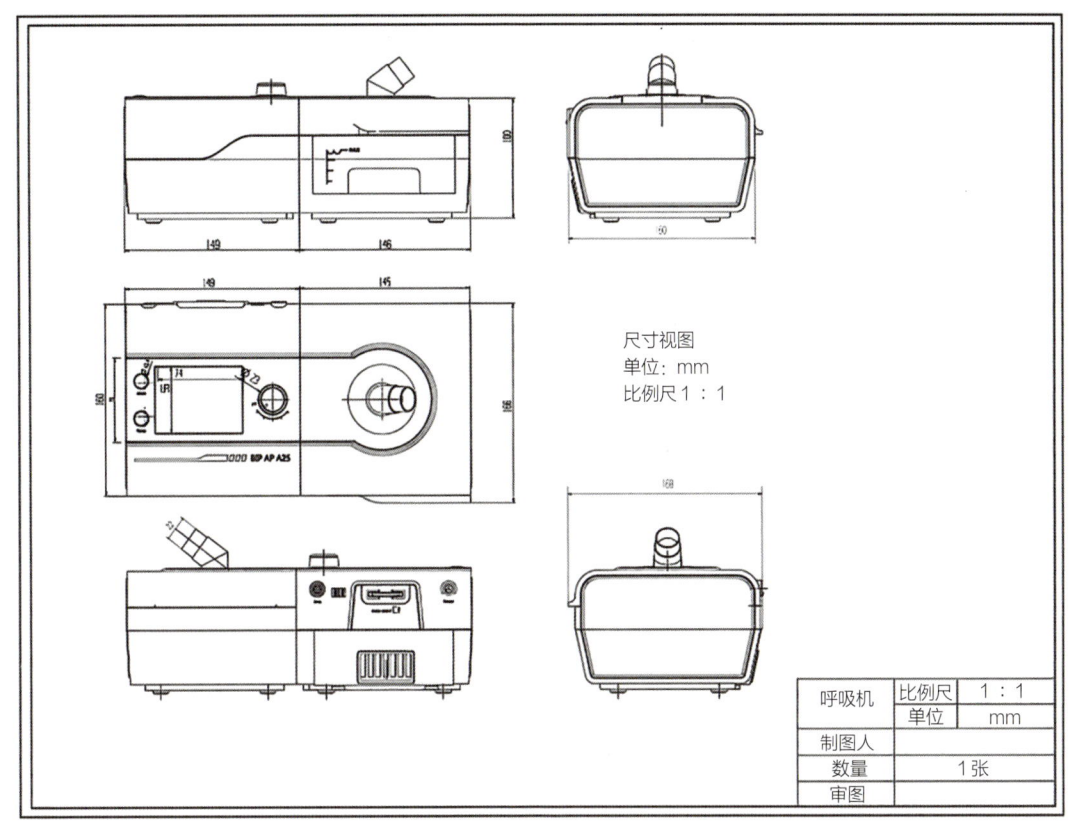

图12-18 项目汇报方案——产品三视图

最后，通过3D打印或CNC数控加工、表面处理、组装来制作1∶1产品手办模型。到此，项目汇报阶段的设计方案已结束，设计师仍需具备良好的沟通和协作能力，按照客户的需求改进细节，解答客户存在的疑问。（图12-19）

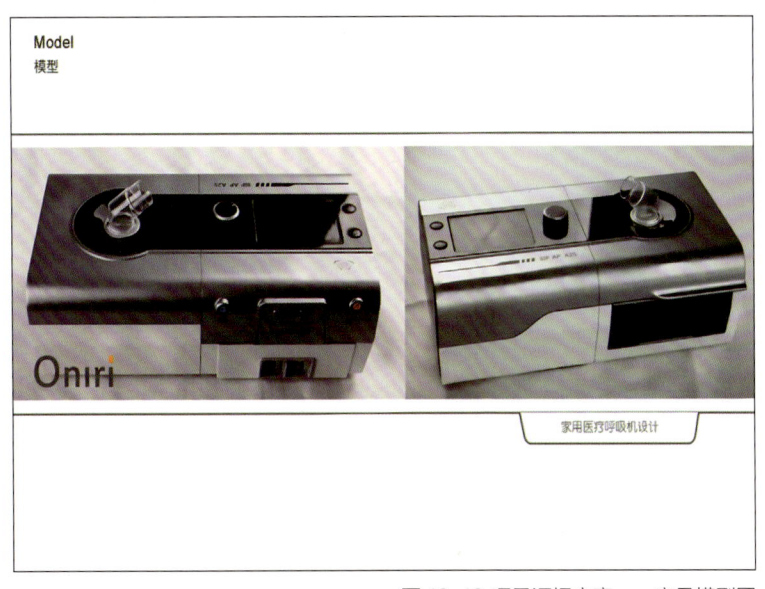

图12-19 项目汇报方案——产品模型图

项目汇报版面要注意版面的风格统一、简洁，图文清晰，文字简洁易懂，重点突出产品的创意、造型、色彩、材质和结构等信息。

任务实施单

任务	选取某一个地域文化特色为主题，设计一款文化创意产品，以产品手绘快题的形式呈现。
时间	6小时
材料和设备	对开纸张、手绘工具箱。
要求	1. 设计主题明确，创意构思围绕设计主题展开； 2. 地域文化元素提炼准确，风格特色鲜明； 3. 产品结构合理，用色准确，材质表现清晰明了； 4. 产品手绘快题版面布局具有系统性和合理性。
创意构思	案例参考

拓展练习

1. 产品快题需呈现的内容有哪些？
2. 项目汇报所呈现的内容有哪些注意事项？

参考文献

[1] 滕依林. 产品设计手绘从入门到精通［M］. 北京：人民邮电出版社，2022.05

[2] 库斯·艾森，罗丝琳·斯特尔. 产品手绘与创意表达［M］. 种道玉，译. 北京：中国青年出版社，2012.08

[3] 库斯·艾森，罗丝琳·斯特尔. 产品手绘与设计思维［M］. 种道玉，译. 北京：中国青年出版社，2016.09

[4] 库斯·艾森，罗丝琳·斯特尔. 产品设计手绘技法［M］. 陈苏宁，译. 北京：中国青年出版社，2009.02

[5] 单军军. 产品设计手绘表现［M］. 沈阳：辽宁科学技术出版社，2018.06